COOKING

高等职业教育餐饮类专业系列教材

茶文化与茶艺

（双语）

主　编　马颖欣　丘巴比
副主编　钟小立　肖汉文
参　编　叶宁青　王应霞　吴洁婷

重庆大学出版社

内容提要

为进一步提升餐饮类专业学生和从业人员的职业素养、职业道德、职业技能，增强可持续发展能力，本书基于餐饮行业的职业需求，通过项目教学与任务教学的形式，将茶艺技能服务与英语应用相结合，既突出茶艺专业知识与技能，又强化英语实践技能训练。本书是校企合作教材，语言表达简明扼要，图文并茂，理论联系实际，实用性强，结合最新的茶业发展情况，知识内容循序渐进。全书一共有8个学习项目，分别涉及溯茶源、辨识茶、泡茶基础技法、茶之益、茶艺1、茶艺2、赏茶席、知茶礼等内容。

本书注重语言灵活运用、人文素养和职业综合能力深度融合，是一本行业茶文化与茶艺的专业教材；不仅可作为职业教育餐饮类专业教材，也可作为准备学习茶文化及茶艺和爱茶人士的参考资料，还可作为社会培训用书。

图书在版编目（CIP）数据

茶文化与茶艺：汉文、英文 / 马颖欣, 丘巴比主编.
重庆：重庆大学出版社, 2025. 1. --（高等职业教育餐
饮类专业系列教材）. -- ISBN 978-7-5689-4738-1

Ⅰ. TS971.21

中国国家版本馆CIP数据核字第2024FG4248号

高等职业教育餐饮类专业系列教材

茶文化与茶艺（双语）

主　编　马颖欣　丘巴比
副主编　钟小立　肖汉文
策划编辑：沈　静
责任编辑：姜　凤　　版式设计：沈　静
责任校对：邹　忌　　责任印制：张　策

*

重庆大学出版社出版发行
出版人：陈晓阳
社址：重庆市沙坪坝区大学城西路21号
邮编：401331
电话：（023）88617190　88617185（中小学）
传真：（023）88617186　88617166
网址：http：//www. cqup. com. cn
邮箱：fxk@cqup. com. cn（营销中心）
全国新华书店经销
重庆正文印务有限公司印刷

*

开本：787mm × 1092mm　1/16　印张：13.75　字数：295千
2025年1月第1版　2025年1月第1次印刷
印数：1—1 000
ISBN 978-7-5689-4738-1　定价：59. 00元

前言

茶叶是中国的传统饮品。中国茶被誉为“神奇的东方树叶”；它是中国走向世界的“名片”。茶不仅是国饮，也是中华文化的一个符号、一种象征，更是一种传承。我国茶文化的历史悠久、博大精深。茶是世界三大无酒精饮料之一，是健康饮品的代表。时至今日，中国茶不仅对世界上很多国家的人们生活方式产生了深远的影响，同时也影响和改变着无数中国人的生活习惯。

本书是为贯彻落实国务院《国家职业教育改革实施方案》、文化和旅游部《星级饭店从业人员三年培训计划（2022—2024年）》等文件精神，根据职业教育的实际情况，结合当前经济发展趋势对餐旅酒店类行业人才培养提出更高的要求，扎实落实立德树人根本任务，健全德技并修、工学结合的育人机制，规范人才培养全过程。本书坚持“以学习者为中心，以项目任务为导向，以技能训练为基础”的原则，以中英双语的形式构建，集理论知识、技能训练、综合运用于一体的茶文化与茶艺双语新形态教材。本书具有以下特点。

1. 以项目化任务驱动为主，注重工学结合的能力培养。

茶文化是中国传统文化的重要组成部分，是提升新时代文化深厚软实力的关键。本书立足传统茶文化，结合中华茶艺课程特点进行项目式编写设计，全书一共有8个学习项目。具体内容包括溯茶源、辨识茶、泡茶基础技法、茶之益、茶艺1、茶艺2、赏茶席、知茶礼等。本书结构合理，详略得当，图文并茂，教材内容和项目安排符合教学和认知规律。

2. 挖掘思政元素素材，注重德育培养教育。

本书充分贯彻职业教育的主导思想，围绕立德树人根本任务，将知识能力、技艺技能及价值引领相结合。通过德育目标的确立，培养大学生的创新能力和团队合作能力，提升大学生的综合素养，有利于在传承和发扬我国优秀传统文化的同时，有效落实专业课程教育与思政教育同向同行。

3. 内容丰富，凸显教材新形态特点。

编者在编写本书的过程中，紧跟高等职业课程改革的要求和学生认知的特点，针对茶文化与茶艺等相关专业岗位能力要求，充分吸收同类教材长处的同时，强调对学生技能提升、知识能力增强、认知素质提升和创新意识培养的重要性。本书以项目化技能实践为主线，以相关性知识为支撑，在总结多年来茶文化与茶艺理论的教学经验和专业学习的知识积累基础上，通过深入研学如茶企业实践、茶区制茶、茶叶博物馆参观、茶学专业培训等获取了很多资料，并进行了整理和完善。茶，不仅是中国的，也是世界的，茶香传播到世界各地，是中华民族贡献给各个国家最温馨的礼物；本书作为国际化交流所推荐的双语教材，特别对茶艺技能实操部分进行了英文翻译。同时，根据数字时代和新形态教材的特点，实操内容配有二维码可视化视频，使教材突破时空的限制，便于学习者反复学习。另外，书中还附有相关知识链接，通过扫描二维码延伸学习内容，以此丰富学习者的学习内容和提高学习效率。本书可作为职业教育餐饮类专业教材，也可作为准备学习茶文化及茶艺和爱茶人士的参考资料，还可作为社会培训用书。

本书由广州工程技术职业学院马颖欣统筹，丘巴比编写。具体编写分工如下：项目1—项目3、项目5—项目7由马颖欣编写，项目4由丘巴比、肖汉文共同编写，项目8由马颖欣、王应霞共同编写。全文内容由丘巴比审核，英文翻译由钟小立、叶宁青、梁雨乔等负责。照片素材整理由广州市总工会外语职业学校肖汉文协助完成，茶艺演示由2023年广州工程技术职业学院优秀毕业生吴洁婷（2021年广东省第二届职业技能大赛茶艺比赛项目银牌奖获得者）、肖汉文等人。本书在编写过程中，特别是在视频拍摄等方面得到广州市荔湾区春社职业培训学校苏曼校长和刘志华老师的大力支持，在此表示由衷的感谢；还要感谢校企合作单位广州中心皇冠假日酒店、广州市炳胜饮食管理有限公司、广州酒家集团职业技能培训学校、广州华商职业学院、广州太阳城大酒店有限公司、广州对外交流发展中心明斯克办事处、白俄罗斯国家森林公园旅游文化餐饮综合体。

本书在编写过程中参阅了大量相关书籍、教材、著作、网络资料等，并吸收了其中有益的成果。在此对参考与借鉴的书刊等相关作者表示诚挚的谢意。本书由马颖欣老师全文统稿。

由于编者水平有限，书中难免有疏漏之处，恳请广大读者、师生和茶艺工作者对教材内容提出宝贵的意见和建议，以便日后得以完善。

编　者

2025年1月

目 录

目  录

学习项目5　茶艺1

学习项目6　茶艺2

学习项目7　赏茶席

学习项目8　知茶礼

参考文献

学习项目 1

溯茶源

知识目标

1.了解茶的起源与发展。

2.了解中国茶文化简史。

3.了解茶在不同时期的利用方式。

技能目标

1.能够熟悉中国茶的起源和发展简史并运用于茶文化传播中。

2.能够熟悉中国不同时期饮茶的演变方式。

3.熟悉宋代点茶的流程及基本方法，体验饮茶意趣和茶美学。

德育目标

通过学习中国茶文化简史、茶人匠心，激发学生对优秀传统文化的热爱，坚定我国文化自信和爱国情怀，以及培养学生迎难而上、追求精湛技艺的工匠精神。

任务引入

我国有这样一句话：“开门七件事：柴米油盐酱醋茶。”在中国传统饮食文化中，茶是中国人生活中的必需品，是中华民族的举国之饮。茶叶被西方人称为“神奇的东方树叶”。当今世界至少有65个国家种茶，大约有160个国家和地区的30亿人热衷于饮茶。中国是茶的故乡，也是世界茶文化的源头。2022年11月29日，“中国传统制茶技艺及其相关习俗”正式被列入联合国教科文组织人类非物质文化遗产代表作名录。国有界，茶无界。一片小小的树叶，藏着大大的世界，茶和天下，茶叶根植于中国，风靡于世界，茶是中华文明的精神标识，也影响了全世界的茶文化和历史发展进程；现代人对茶的需求越来越广泛。那么你是否知道茶是如何发现并利用的呢？中国茶文化的历史最早可以追溯到什么时候？我们要更好地了解它，就需要从茶的起源和文化历史开始学习。

任务1 茶的起源与发展

1.1.1 茶树的溯源

“茶者，南方之嘉木也，一尺、二尺乃至数十尺。其巴山峡川，有两人合抱者，伐而掇（duō）之。”其含义为：茶，是我国南方的优良树木。它高一两尺（1尺≈0.33米），有的甚至高达几十尺；在巴山、峡川一带，有树干粗到两人合抱的。这是我国唐代陆羽在《茶经》中对茶的明确记载。我国丰富的茶叶史料和现代生物科学技术的鉴定结果，都证明了中国是茶的故乡。作为中国人，我们是非常自豪的。茶树最早为中国人所发现，中国人最早把茶树由野生变为园栽，茶树原产于中国，传播于世界。当今传布于世界各大洲的茶种、种茶技术、制茶方法、品茶艺术及茶的文化等，都源于中国。

（1）茶树原产地起源之争

据植物学专家分析，茶树起源至今已有4 000多万年。茶的发现和利用最早可以追溯到上古神农时期，从最早的药食到现在的饮用，经历了漫长的发展过程；在我国的西南地区（主要是云贵川地区）发现有大量的野生古茶树，是世界上最早发现、利用和栽培茶树的地方。其中，云南是我国乃至世界古茶树林保存面积最广、古茶树和野生茶树保存数量最多的地方。现今的资料表明，全国有10个省份198处发现了野生大茶树。1980年，科研人员在贵州省晴隆县碧痕镇新庄云头大山发现一颗茶籽化石，经鉴定确认为四球茶籽化石，距今至少已有100万年，这显示贵州古老茶树的久远历史在世界上是无与伦比的，是世界上迄今为止发现的最古老、唯一的茶籽化石。对茶树的原产地问题，也曾出现过不同的观点，1824年，英国人勃鲁士（Bruce）在印度阿萨姆（Assam）发现野生茶树后，便宣称印度是茶树原产地，掀起了历时100多年的中印“茶树原产地”之争。但大量的古文献资料、考古发现及现存的古树大茶园等大量的资料，足以证明：茶树起源于云贵高原。早在3 000多年前，我国云贵高原的川、鄂、滇及相邻地带就已有茶的栽培和采制的记载。迄今为止，世界上没有别的国家有更早对茶的记载和发现。

（2）中国的野生大茶树

中国是野生大茶树发现最早、最多的国家。云南、贵州和四川地区的茶树较多。这些地区的茶树多属高大乔木树形，具有典型的原始形态特征，说明中国的西南地区是山茶属植物的发源中心，是茶的发源地。1961年，中国考古学家在云南省发现了一棵高达32.12米的野生大茶树，树龄约达1 700年，其树高和树龄在山茶属植物中均属世界第一，是目前已发现最大、最古老的野生大茶树。

1.1.2 “茶”字的演变和形成

从木的古“茶”字，指茶树。出自辞书之祖《尔雅·释木》，书中有“檟”和“苦茶”的释义，这是对茶早期的文献记载。中国是最早发现茶和利用茶的国家。在古代，表示茶的字很多，在“茶”字形成前，檟（jiǎ）、蔎（shè）、茗（míng）、荈（chuǎn）、茶（tú）等都曾用来表示茶（图1.1）。在秦代以前，中国各地的语言、文字还不统一，因此茶的名称也众说纷纭。史料证明，从“茶”字演变成“茶”字，始于汉代，但那时还没有“茶”的字音。唐代，唐玄宗撰《开元文字音义》中首见“茶”字，但唐初“茶”字与“茶”字通用。中唐时期，陆羽所著的世界第一部茶叶专著《茶经》记载，唐以前，茶还有：茶、稠、莪、茗、苹等名称，为了规范“茶”的语音与书写符号，正式将“茶”字减去一横，称为“茶”，使“茶”字从一名多物的“茶”字中独立出来，从此，“茶”字形、字音广为流传，结束了茶的称呼混淆不清的历史。“茶”字的定型至今已有1 200余年的历史。

图1.1 “茶”字的曾用名

1.1.3 茶为何物

茶树是自然界千万种植物中一种比较特殊的植物，与其他植物相比，要同时拥有茶多酚、茶氨酸、咖啡碱3种主要物质才能被称为茶树。茶树的基本特征如下：一种多年生的木本常绿植物，主要分布在气候湿热的热带和亚热带地区，具有独特的形体特征。

按照瑞典植物学家林奈首创的命名分类法，在植物学分类系统中，茶树属于被子植物门、双子叶植物纲、山茶目、山茶科、山茶属。根据有关资料，目前全世界山茶科植物有24属380多种。其中，中国有15属260多种，其余9属100多种分布在世界其他地方。

1.1.4 茶树的形态

茶树的形态丰富多样。完整的一株茶树可以分为地上和地下两个部分。茶树的地上部分为树冠，包括茎、芽、叶、花、果实等；地下部分为根系，由众多长短不同、粗细各异的根组成。依据茶树主干分枝部位的不同，茶树的树形可分为灌木、小乔木、乔木3种类型。

（1）乔木型茶树

乔木型茶树（图1.2）植株一般较为高大，通常高3～5米，分枝部位高，由植株基部至顶部主干明显，枝叶稀疏，是较原始的茶树类型，主根发达，叶片长可达13厘米，叶宽5厘米，也称大叶种茶。叶片椭圆或修长，颜色较光亮油绿。乔木型茶树主要分布于我国西南、华南地区。

（2）小乔木型茶树

小乔木型茶树（图1.3）植株高度中等，在树高和分枝上都介于灌木型茶树与乔木型茶树之间。它分枝部位离地面较近，由植株基部至中部主干明显，根系较发达，分枝较稀，主要分布于热带或亚热带的茶区。

（3）灌木型茶树

灌木型茶树（图1.4）植株低矮，通常只有1.5～3米，由植株基部开始分枝，无明显主干，分枝密，主要分布于我国中部、东部与北部茶区，是我国目前种植面积和数量最多的茶树。

图1.2　乔木型茶树（野生古茶树）

图1.3　小乔木型茶树

图1.4　灌木型茶树

1.1.5　茶树的组成

茶树的主要器官包括根、茎、叶、花、果实和种子。根据器官的形态结构和生理功能进行划分，茶树的根、茎、叶为营养器官，花、果实、种子是生殖器官。在特定条件下，根、茎、叶也具有一定的繁殖性。

（1）根

茶树的根由主根、侧根、吸收根和根毛组成。茶树根系的分布和生长情况是制订茶园施肥、耕作及灌溉等管理措施方案的主要依据。

（2）茎

茶树的茎是连接茶树根、叶、花、果等器官的轴状结构。

（3）叶

茶树的叶片依据分化程度的不同可以分为鳞片、鱼叶和真叶。它是制作茶饮的原料，也是茶树进行呼吸、蒸腾和光合作用的主要器官。茶树叶片的形状、大小、颜色以及叶尖的形状等都可作为品种区分的依据。

（4）花

茶树的花（图1.5）由花芽分化而成，为两性花。茶花的结构由花柄、花萼、花冠、雄蕊和雌蕊组成。

（5）果

茶树的果实为蒴果，栽培型茶树一般有3室，每室含1粒或2粒种子。

（6）籽

茶籽（图1.6）是茶树的种子，多呈棕褐色或黑褐色，由外种皮、内种皮和种胚组成。茶籽的形状大体可分为近球形、半球形和肾形3种。

图1.5　茶树的花

图1.6　茶籽

1.1.6　茶树的生长环境与茶叶品质

茶树长期生活在某种环境里，受到环境条件的特定影响，通过新陈代谢，在其生育过程中形成了对某些生态因子的特定需要，称为茶树的适生条件。适生条件主要指气候和土壤环境中的阳光、温度、水分、空气、土质等条件，环境中的每个因素对茶树生长发育等各方面发生明显的影响和作用，这些因素是茶树的生态因子。

（1）光照

光照的长短强弱直接影响茶叶的品质和产量，在日光充足照射下，茶树生长健全，单宁增多，适制红茶；在弱光下，单宁减少，叶质柔软，叶绿素含氮量提高，适合制作绿茶。

（2）光质

光质对茶叶品质有影响。利用不同颜色覆盖物进行茶树遮阴试验表明，利用黄色遮阳网覆盖，去除自然光中蓝紫光，茶芽生长旺盛，持嫩性增强，茶叶中的叶绿素、氨基酸和水分含量明显提高，而茶多酚有所下降。

（3）气温对茶叶品质的影响

很多与茶叶品质有关的化学成分都是随着气温的变化而变化的，多酚含量的变化是随着气温的升高而增加的，而氨基酸的含量是随着气温的升高而减少的。18 ~ 25 ℃是茶树最适宜生长的温度。在最适温度期，茶芽生长旺盛，品质好。

（4）水分对茶叶品质的影响

茶树生长发育过程中需要大量的水分。茶树生理需水和生态需水的主要来源是土壤水分，一般认为70% ~ 90%的田间需水量，对茶树生长最为适宜。

（5）土壤与茶叶品质的关系

土壤是茶树生长的自然基地，茶树生长所需的养料和水分都是从土壤中取得的，土壤对茶树生长发育影响很大。茶树在砂壤土、壤土、黏壤土上都生长良好，但就品质而言，一般认为含有腐殖质较多，以石英砂岩、花岗岩等形成的沙质壤土上生长的茶树，因土壤疏松，通气性好，并有较多的钾、镁及其他微量元素，故鲜叶中氨基酸含量高，滋味鲜醇，茶叶品质好。

（6）雨量及水分对茶叶品质的影响

因为茶树在长期的系统发育过程中，形成了耐阴喜湿的习性，所以，凡是生长在风和日暖、风调雨顺、时晴时雨环境中的茶树，生长发育好，茶芽长得快，制成的茶叶品质也好。

任务2　走进中国茶文化

史料记载，早在3 000年前，当世界上其他地方还不知道茶为何物时，中国人就已经开始饮茶了。唐代陆羽在《茶经·六之饮》中所载茶事，提出“茶之为饮，发乎神农氏，闻于鲁周公。齐有晏婴，汉有扬雄、司马相如……皆饮焉”。神农氏其实就是中国古代农耕时期的先祖——炎帝。陆羽同时依据《神农食经》等古代文献中的记载，认为饮茶起源于神农时代。后世在谈及茶的起源时，也多将神农氏列为发现和利用茶的第一人。也有不少人认为鲁周公以及春秋时代的齐国宰相晏婴，是最早知道饮茶的人。从众多的史料记录及考古发现，我们可以判断中国就是发现与利用茶叶最早的国家，至今已有数千年的历史。根据史料记载，四川、湖北一带的古代巴蜀地区是中华茶文化的发祥地。唐代、宋代至元、明、清时期，茶叶生产区域不断扩大，茶文化不断发展，并逐渐传播至世界各地。

1.2.1 茶文化的定义

茶文化是指人类社会在历史实践中所创造的与种茶、制茶以及饮茶有关的物质财富和精神财富的总和。它包括茶艺、茶道、茶的礼仪、茶具和与茶有关的众多文化现象、它是人们认识茶以及在此基础上应用和再创造的过程中所形成的一种特殊形态的文化。茶文化既非纯物质文化，也非纯精神文化，而是以物质为载体，或在物质生活中透着明显的精神内容的文化。茶对人们来说，首先以物质形式出现，然后以其实用价值发生作用。在中国，当茶发展到一定时期后，就注入了深刻的文化内容，产生了精神和社会功用。

（1）茶文化包含的内容

茶在中国，不同于水、浆等仅为解渴之物。茶作为一种传统的饮品和独特的文化载体，已广泛渗透于中国传统哲学、民俗、美学、文学、历史、宗教与文化传播之中，也构成了物质与价值、精神与哲理互相联系与印证的桥梁。中国茶文化的产生有着特殊的环境与土壤。它不仅有悠久的历史、完美的形式，而且渗透着中华民族传统文化的精华，是中国人的一种特殊创造。

总之，中国人用无比的智慧创造了一套完整的茶文化体系，其中包含了儒、道、佛各家的思想精髓，物质形式与意念、情操、道德、礼仪结合之巧妙，令人叹为观止。中国茶文化不仅是中国人民的宝贵财富，也是世界人民的宝贵财富。

（2）茶艺是茶文化的表象

研究中国茶文化，首先要研究中国的茶艺。茶艺是指茶冲泡的艺术和品饮的艺术，是品茶由物质层面上升到精神层面的活动过程的总称。简单来讲，就是冲好一杯茶和享受一杯茶的过程。因此，在实践中茶艺不仅指技法，还包括整个饮茶过程中的美学意境和环境。对于饮茶意境，古人向来是非常讲究的，明月松间、清泉石上，在不同的环境下饮茶会产生不同的意境和效果。

（3）茶道是茶文化的核心内涵

“茶道”一词最早出自唐代皎然的诗和《封氏闻见记》，但历代茶人都没有给它下过一个准确的定义。茶道精神是茶文化的核心，是茶文化的灵魂，是指导茶文化活动的最高原则。茶道是产生于特定时代的综合文化，带有东方农耕民族的生活气息和艺术情调，追求雅，向往和谐。茶道基于儒家的治世机缘，倚于佛家的淡泊节操，洋溢道家的浪漫理想，借品茗倡导清和、简约、求真、求美的宁静高雅境界。

对于茶道，不同的专家和学者有不同的理解和表述。如吴觉农先生认为，“茶道把茶视为珍贵、高尚的饮料，把饮茶视为一种精神上的享受、一种艺术或一种修身养性的手段”。庄晚芳先生认为茶道是通过饮茶的方式，对人民进行礼法教育的一种仪式，并且归纳出“廉”“美”“和”“敬”的茶道精神。他释义说“廉俭育德、美真康乐、和诚处世、敬爱为人”。陈香白先生认为中国茶道包含茶艺、茶德、茶礼、茶理、茶情、茶学说、茶道引导七种义理，中国茶道精神的核心是“和”。刘汉介先生提出“所谓茶道，是指品茗的方法与意境”。如果一定要给“茶道”下一个定义，把茶道作为一个固定的、僵化的概念，反倒失去了茶道的神秘感，也限制了茶人的想象力。因此，最好的办法是让人们通过心灵去品茗，领悟茶道的玄妙感觉。

1.2.2 茶文化的发展过程

中国是茶的故乡，有着悠久的种茶、制茶和饮茶的历史。最初，茶是作为药时才被发现和利用的，距今已有四五千年之久。经过长期的实践，人们认识到茶叶的使用价值，开始人工栽培，并不断改进制茶工艺，使茶从“万病之药”发展成为清热解渴、清香鲜美的日常饮品。目前，茶叶已经成为风靡世界的三大无酒精饮料之一。

（1）三国以前的茶文化

陆羽根据《神农食经》“茶茗久服，令人有力悦志”的记载，认为饮茶始于神农时代，“茶之为饮，发乎神农氏”。若按此推论，在中国，茶的发现和利用始于原始母系氏族社会，至今也有五六千年的历史。在神农氏之后，人们发现茶不仅有解毒的功能，还有助于消化，于是，就把茶与其他食物一起加工，当作菜吃。

（2）两晋、南北朝的茶文化

晋代随着茶叶生产的较大发展，饮茶的文化性也更加凸显。南北朝后，茶饮进一步普及，茶饮在民间的发展过程中，也逐渐被赋予浓烈的文化色彩。从文献记载来看，晋代茶文化的特征包含了以茶待客、以茶示俭、以茶为祭、以茶入文。中国的茶文化在两晋、南北朝时期逐步萌芽。

（3）唐代茶文化

中国史籍上有“茶兴于唐”的说法，唐代被认为是茶的黄金时代。唐代是中国茶文化的正式形成时期。茶文化的形成与唐代的经济、文化发展有着密切联系。当时，佛教的发展、诗风的盛行、贡茶的兴起，以及禁酒措施从不同层面对茶文化的形成起到推波助力的作用。唐代茶文化有以下几个主要特点：茶区扩展；贸易繁荣；陆羽《茶经》问世；茶道盛行；茶入诗歌、贡茶为赐；茶税始建；茶具专用。《茶经》是茶文化发展的重要标志。《茶经》共7 000多字，是世界上第一部茶文化专著。

（4）宋代茶文化

“茶兴于唐、盛于宋。”茶叶产品开始由团茶发展为散茶，打破了团茶、饼茶一统天下的局面，同时出现了团茶、饼茶、散茶、末茶。茶区大面积南移。这一时期，饮茶之俗上下风行，并逐渐发展出以茶待客的礼仪。茶文化呈现一派繁荣景象，当时的文人雅士都喜爱喝茶、推崇饮茶，并以相聚品茶为雅，进一步推动茶业的快速发展。

（5）明、清茶文化

元代和明代，中国传统的制茶方法已经基本具备，在中国古代茶文化的发展史上，元、明、清也是一个重要阶段，都具有令人陶醉的文化魅力。当时有很多文人置身于茶道，因此，茶书、茶画、茶诗不计其数。如许次纾的《茶疏》、张源的《茶录》等。明代饮茶风气鼎盛是中国古代茶文化又一个兴盛期的开始，明代茶叶历史上最重要的事件就是“废团改散”，是中国饮茶方法史上的一次革命。明代在茶叶生产上有许多重要的发明创造：由于茶叶生产的发展和其品饮方式的简化，散茶品饮这种方式深入民间，从而使饮茶艺术成为整个社会文化的一个重要方面。泡茶也讲究用水和茶器，茶器、茶具、茶艺等在这一时期得到了全面发展。在清末，民间茶馆兴起，茶与曲艺、诗会、戏剧和灯谜等民间文化活动融合，形成一种特殊的“茶馆文化”，“客来敬茶”也成为百姓礼仪美德。

明清时期，茶叶贸易有了迅速发展，尤其是进入清代后，茶叶外销数量增加，茶叶出口贸易已经成为一种正式行业，先后传入印度尼西亚、印度、斯里兰卡、俄罗斯等国家。

（6）现代茶文化

新中国成立以后，我国政府采取了一系列恢复和扶持茶叶生产发展的政策和措施，茶叶生产得到了迅速恢复和发展，茶叶产量逐年增加，出口量不断增长。随着我国经济的繁荣发展，人们生活水平的不断提高，中国茶文化也有了更好的发展。茶的“绿色保健”，茶的“至清至洁”正是今天人们所追求的健康及修身养性的理念和心态。

神农与茶的传说

陆羽与《茶经》

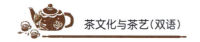

任务3 历代饮茶方式的演变

1.3.1 茶叶的利用方法

茶在中国的利用过程可分为4个阶段：药用、食用、饮用、多用。上古时期，我国的先民们就发现了茶叶具有药效的功能，并把茶树的新鲜叶片当成食物充饥。之后，人们又把茶当成供奉祖宗的祭祀品，也把茶叶当成贡品进奉朝廷，最后才把茶叶演变成一种大众化的饮料。

（1）茶的药用

茶叶在我国最早作为药物使用，以前也把茶叶称为茶药。最早的药理功效记载在《神农本草经》中茶的起源部分。这里面说神农“日遇七十二毒，得茶而解之”，而在先秦两汉间成书的《神农食经》也有记载：“茶茗久服，令人有力，悦志。”这些都可视为古人最早对茶叶功效的基本认知。汉代茶叶也被当作长生不老的仙药。医圣张仲景在《伤寒论》中关于茶的记载：“茶治脓血甚效”。东汉神医华佗讲到：“苦茶久食益思意”，意指茶对身体有很大的好处。在唐代陆羽著写的世界最早的茶学著作《茶经》，更是全面论述了茶的功效：“茶之为用，味至寒，为饮最宜精行俭德之人，若热渴、凝闷、脑疼、目涩、四肢烦、百节不舒，聊四五啜，与醍醐、甘露抗衡也。”所以可以推断，唐朝以前的人就认识到茶的很多功效，其不仅可以提神、明目，让人有力气、精神愉快，还可以增强思维的敏锐度等。明代李时珍也从医药学家的角度将茶的品性、药用价值结合起来，并提到：“茶味较苦，品性趋寒，宜用来降火。”

（2）茶的食用

汉代之前，人们就以茶叶当菜。食茶叶煮熟之后，与饭菜一同食用。那时，食用茶叶不仅是作为食物解毒，同时也是为了增加营养。

（3）茶的饮用

西汉后期到三国时代，茶发展成为宫廷的高级饮料。魏晋南北朝时期，茶逐渐成为普通饮料走入民间，并成为商品进行买卖。唐宋时期，皇宫、寺院以及文人雅士之间盛行茶宴。整个茶宴的气氛庄重雅致，礼节严格，所用茶叶必须用贡茶或者高级茶叶，茶具也是名贵的，所取的水一定要取于名泉、清泉，过程较为奢侈。因此，这些茶宴寻常百姓是没有机会参加的，它主要是为那些有权势的人准备的。自唐宋至今，制茶、饮茶已高度繁荣，茶已成为人们所熟知、最为普及，并深受我国各族人民喜爱的饮用之品。随着对茶的保健功能研究的深入和了解，茶叶已经成为人们养生、保健的日常良药，不仅可以从生理上起到许多的保健作用，而且在心理上也有很好的调节功能。

（4）茶的多用

现代，人们对茶的利用已经到了深加工综合利用阶段。我国茶叶深加工经过近30年的发展，技术体系与产品体系基本成熟，开发出了具有更高附加值的天然药物、保健食品、含茶食品、食品添加剂、日化用品、植物保护剂、建材添加剂等功能性终端产品，并将其应用到人类健康、动物保健、植物保护、日用化工等领域。

1.3.2 历代饮茶方式的演变

中国饮茶历史悠久。几千年来，历代饮茶风俗各异，人们的饮茶方法也随着制茶技术和饮茶实践的发展而进步。从采摘鲜叶生吃、采摘鲜叶晒干后的煮饮、对鲜叶进行精细加工后煎饮，到后来的泡饮，再到茶叶深加工后衍生出各种含茶饮料。

不同时代，各地区和社会阶层的人们的饮茶法也各不相同。我国茶叶饮茶之法先后经历了魏晋南北朝的煮茶法、唐代的煎茶法、宋代的点茶法，以及元明清的泡饮法。在现代，饮茶的方式不断丰富发展，纵观历代的饮茶法是由繁到简，从吃茶到喝茶的演变，可从以下几个主要时期的情况和特点进行概括。

（1）春秋以前

茶作为药用而受到关注。这个阶段，茶叶由生嚼转变为煎服。在汉代也出现了煮茶法。中国最早记录茶叶制作方法的文献是汉朝王褒与家奴订立的《僮约》，其中记载："烹茶尽具，武阳买茶……"文中的"烹茶"即"煮茶"，可以看出，这个时期以煮茶为主，而且已经有了煮茶的器具，也有了茶叶买卖市场。

（2）魏晋南北朝时期

饮茶方式主要为冲饮法、羹饮法。这个时期是中国茶文化的形成时期，饮茶的主体为上层贵族、士人。茶是供上层社会享用的珍稀之品，饮茶限于王公朝士，民间不多饮茶。这个时期的主要做法是把茶叶做成茶饼，饮用之前先烤，烤完以后，将其捣研成粉末，然后再用开水浇，用葱姜芼之。与之前原始的直接烹煮相比，先把茶制成茶饼，饮用时再加工，不仅使茶叶能更加长久地储存，茶汤的滋味也比之前的更好，没有那么苦涩。

（3）唐代

唐代开始出现烹茶法，也就是煎茶，即把茶叶放入烧沸的水中煮开饮用。唐朝的煮茶法：烤茶饼，炙茶→碾（罗）茶→炭火→择水→煮水→加盐加茶粉煮茶→育汤花→分茶入碗→趁热饮茶。"饼茶"是唐代主要的制茶形式，又称"团茶"或"片茶"。饼茶是将采来的茶叶经蒸并捣碎后拍打成饼状，再烤干保存。

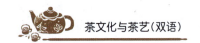

（4）宋代

宋代是中国历代中最为风雅的朝代，茶兴于唐而盛于宋。唐代积淀下来的成果，在宋代得到了升华。“品香、斗茶、插花、挂画”在宋代被称为“四大雅事”。宋代主流的饮茶方式是点茶法，这个时期也是中国古代茶文化的一个巅峰。宋代点茶法传播至日本和韩国等地，对日本国家文化的茶道和韩国的高丽茶礼有深刻影响。

宋代人点茶在各道工序及器具的选择上相较于唐人更为严苛精致，所谓“点茶”，是先将碾罗好的茶末置于茶盏，再以沸水注入，冲点而成。为了使茶末与水交融成一体，还发明了一种用细竹制作的工具，称为“茶筅”。这种饮茶法甚至发展出一系列比拼茶艺的技巧手法和评判标准，称为“斗茶”。在北宋末年，点茶法进一步发扬光大，形成了又一种高超技艺——分茶。分茶，又叫“茶丹青”，顾名思义，指使茶汤表面形成各种文字乃至花草虫鱼的图案。分茶与其说是一种喝茶方式，更像是一种艺术。

宋代盛行的点茶法的流程，先是炙茶——将茶饼敲碎、碾碎成粉状，再是过罗筛取其细粉——将茶粉置盏杯中，最后点泡沸水调和成膏状——边将汤瓶里的沸水注入茶盏，点茶时水要适量，边用茶筅“运筅”或“击拂”，不断转动茶筅，并搅动茶汤，使盏中泛起“汤花”（泡沫）。从蔡襄《茶录》、宋徽宗《大观茶论》等书中可以了解到，点茶法的主要程序包括备器、洗茶、碾茶、磨茶、罗茶、择水、取火、候汤、焙盏、点茶（调膏、击拂）。

斗茶在点茶后分出胜负，以汤花白有光泽，均匀一致，汤花持久者为上品；若汤花隐散，茶盏内沿着出现“水痕”的为下品。最后还要品尝汤花，比较茶汤的色、香、味而决出胜负。南宋画家刘松年有一幅《斗茶图》（图1.7），现藏于我国台北故宫博物院，描绘了民间斗茶的情景。从画面可以看出宋代饮茶在社会各个阶层中普及，当时斗茶之风上至宫廷、下至民间都非常盛行。

图1.7 《斗茶图》（南宋 刘松年）

（5）元代

元代是一个过渡时期，有着承上启下的意义。元朝的茶以散茶、末茶为主，饮茶文化的表现并不明显。在点茶法延续的同时，以“炒青”为制茶方式的叶茶也得到了一定的发展。民间则以散茶为主，饼茶主要为皇室宫廷所用。并且元代开始出现泡茶方式，即用沸水直接冲泡茶叶。

（6）明代

在明代，中国饮茶法又发生了一次重大变革。两宋时的斗茶之风消失了，饼茶被散形叶茶所取代。碾末而饮的唐煮宋点饮法变成了以沸水冲泡叶茶的瀹饮法，品饮艺术发生了重大变化。明洪武二十四年（公元1391年）九月，明太祖朱元璋下诏废除团茶，改贡叶茶。当时人们对此评价甚高，明代沈德符撰《万历野获编·补遗卷一》载："上以重劳民力，罢造龙团，惟采芽茶以进……按茶加香物，捣为细饼，已失真味……今人惟取初萌之精者，汲泉置鼎，一瀹便啜，遂开千古茗饮之宗。"通过废除团茶，改团茶为叶茶，改煎煮为冲泡，废团茶兴散茶，为中华茶文化开辟了新天地。

（7）清朝

清朝的茶品种繁多，现在的六大茶类已经齐全。清袁枚《随园食单》"武夷茶"条载："杯小如胡桃，壶小如香橼，每斟无一两。上口不忍遽咽，先嗅其香，再试其味，徐徐咀嚼而体贴之。"在闽、粤的一些地区流行一种青茶的"工夫茶"泡法。

总之，明清的泡茶法继承了宋代点茶的清饮，包括撮泡、壶泡、工夫茶（小壶泡）三种形式。元明清时期饮茶除继承五代宋时期的煮茶、点茶法外，泡茶法也终于成熟，从此改变了中国人饮用末茶的习惯。泡茶法酝酿于隋唐时期，正式形成于明朝后期，鼎盛于明朝后期至清朝前中期，流行至今。总结：茶文化发展"茶之为饮，发乎神农氏，闻于鲁周公，茶兴于唐、盛于宋、流行于明清、发展繁荣于当代"。

图1.8为茶百戏非遗传承人章志峰。

图1.8　茶百戏非遗传承人章志峰

章志峰在20世纪80年代初就读于福建农大茶学专业，当他在图书馆查阅资料时，无意中了解到茶百戏。"当时非常好奇茶汤为什么会出现图案。在询问导师后，他指出茶百戏技艺早已消失。"之后章志峰在导师的支持与鼓励下，专心研究茶百戏。

章志峰为探寻点茶法，从几万首古诗文中挖掘整理，在长达十多年的资料搜集过程中，时间并未消磨章志峰的热情。功夫不负有心人，他成功地从资料中探求到了许多关于茶百戏制作技艺的记述。2009年，他首次恢复茶百戏技艺并创立了丹青流插花。2013年，研膏茶和茶百戏技艺获国家发明专利，出版茶百戏专著。茶中有百戏，传承匠心聚。作为非物质文化遗产传承人，章志峰经常通过线下的各种大型集会，借助各种论坛向社会各界人士展示宣传这一失传已久的中国文化技艺。

图1.9为章志峰制作的茶百戏《马到成功》。

图1.9 《马到成功》章志峰制作

仿宋点茶法

1.3.3 仿宋点茶法的茶艺展示

仿宋点茶法的茶艺展示如图1.10—图1.18所示。

图1.10 备具

图1.11 备席行礼

图1.12 温筅

图1.13 温盏

图1.14 量茶入盏

图1.15 调膏

图1.16 注水

图1.17 快速击拂

图1.18 调膏创作

1.3.4 宋代点茶法实训活动组织

(1)实训安排

穿越时空的点茶体验，学生通过本项目实训，了解中国宋代点茶的特点与步骤。

(2)实训地点及器具

①地点：多媒体教室或茶艺实训室。

②仿宋点茶配套茶具：茶粉、茶盏、茶筅、茶则、汤瓶、品茗杯、汤勺等。

(3)实训时间

2课时。

(4)实训要求

①了解宋代点茶法的特点及步骤。

②认真观察点茶过程的重要方法。

③进行点茶图案的设计。

图1.19为汤花，图1.20、图1.21为点茶图案设计。

图1.19　汤花

图1.20　点茶图案设计（一）

图1.21　点茶图案设计（二）

(5)实训方法及步骤

①教师讲解点茶步骤与方法，观看视频。

②学生分组练习体验和创作。

③以小组为单位进行斗茶评比展示及作品点评。

④学生课后总结宋代点茶茶艺知识并填写实训报告。

(6)仿宋点茶法操作流程

备器行礼→备茶布席→烫盏（温热茶碗和茶筅）→量茶入盏（用茶勺量取少许茶粉，放入茶盏待用）→注水调膏（注入少量热水，调成膏状）→环注击拂（环盏注汤，用竹筅搅动茶膏汤迅速击拂，逐渐在汤面出现沫饽）→再次击拂去泡（持竹筅随汤迅速击拂后，逐渐放缓速度匀速击拂）→提筅收沫（使茶汤表面形成乳白色的沫饽，沫饽咬盏）→分茶戏品（在汤花上艺术创造如作画或写字称茶百戏）。

（7）实训活动评价方法

实训活动评价方法见表1.1。

表1.1　实训活动方法

<table>
<tr><th>序号</th><th>斗茶评比总体项目</th><th>评分标准</th><th>配分/分</th><th>扣分/分</th><th>得分/分</th></tr>
<tr><td>1</td><td>完成时间及步骤完整性</td><td>小组能在规定时间内完成点茶环节</td><td>20</td><td></td><td></td></tr>
<tr><td>2</td><td>汤花色泽</td><td>汤花色泽以白和均匀为好，汤面沫饽细密为好</td><td>40</td><td></td><td></td></tr>
<tr><td>3</td><td>画面图案</td><td>图案完整清晰为好</td><td>30</td><td></td><td></td></tr>
<tr><td>4</td><td>小组团队合作情况</td><td>小组分工及合作有效率</td><td>10</td><td></td><td></td></tr>
<tr><td colspan="3">总分</td><td>100</td><td></td><td></td></tr>
<tr><td colspan="4">小组组别及成员姓名：</td><td colspan="2" rowspan="2">时间：</td></tr>
<tr><td colspan="4">评价教师（人员）：</td></tr>
</table>

课后思与练

1.茶的主要特征是什么？

2.为什么说中国是世界上最早发现和利用茶叶的国家？

3.我国历代饮茶的方法有哪些？

4.请简述宋代点茶法的主要步骤。

Project One

The Origin of Tea

宋式点茶法实训活动组织
Training Task of Dian Cha（Tea Whisking Technique）in the Song Dynasty

（1）实训安排（Training Arrangement）

穿越时空的点茶体验，学生通过本项目实训，了解中国宋代点茶的特点与步骤。

The Dian Cha（tea whisking）training is a task which will bring students to travel through time and space to experience the tea ceremony of the Song Dynasty. It enables students to grasp the characteristics and steps of Dian Cha in the Song Dynasty.

（2）实训地点及器具（Training Places and Utensils）

①地点：多媒体教室或茶艺实训室。

Place: multimedia classrooms or tea ceremony training rooms.

②器具：茶粉、茶盏、茶筅、茶则、汤瓶、品茗杯、汤勺等。

Utensils: tea powder, Cha Zhan（tea bowl）, Cha Xian（bamboo brush）, Cha Ze（tea scoop）, kettle, tea tasting cup, tea spoon etc.

（3）实训时间（Training Time）

2 课时。

2 periods.

（4）实训要求（Training Requirements）

①了解宋式点茶法的特点及主要步骤。

Understand the characteristics and main steps of Dian Cha in the Song Dynasty.

②认真观察点茶过程的主要技法。

Learn the main techniques carefully by observing the process of Dian Cha.

③利用茶粉调成茶膏，在汤面上进行书画创作。

Make the tea paste with tea powder. Create Chinese calligraphy and paintings on the foam of the tea soup.

（5）实训方法及步骤（Training Methods and Steps）

①教师讲解宋式点茶的步骤与方法，并观看视频学习。

The teacher explains the methods and steps of Dian Cha in the Song Dynasty, and organizes students to watch videos for further learning.

②学生分组进行宋式点茶体验和图案创作。

Students are grouped to practice Dian Chan and create Chinese calligraphy and paintings on the tea soup.

③以小组为单位进行点茶演示及成品评比。

Student groups demonstrate the procedure of Dian Cha. The creations of each group will be evaluated.

④学生课后总结宋代点茶茶艺知识并填写实训报告。

After class, students summarize the knowledge of Dian Cha in the Song Dynasty and finish the training report.

(6)仿宋点茶法操作流程(Process of Dian Cha in the Song Dynasty)

备器行礼→备茶布席→烫盏(温热茶碗和茶筅)→量茶入盏(用茶勺量取少许茶粉,放入茶盏待用)→注水调膏(注入少量热水,调成膏状)→环注击拂(环盏注汤,用竹筅搅动茶膏汤迅速击拂,逐渐在汤面出现沫饽)→再次击拂去泡(持竹筅随汤迅速击拂后,逐渐放缓速度匀速击拂)→提筅收沫(使茶汤表面形成乳白色的沫饽,沫饽咬盏)→分茶戏品(在汤花上艺术创造如作画或写字称茶百戏)。

Prepare the utensils and then salute to the guests → Prepare the tea and lay out the tea set→Warm up the Cha Wan and Cha Xian→Put the tea powder in the Cha Zhan (use a teaspoon to place an appropriate amount of tea powder into the Cha Zhan) → Make the paste (pour a small amount of boiling water into Cha Zhan and whisk the powder into the paste) → Keep adding water and whisking (pour water along the inner wall of the Cha Zhan, and whisk the paste quickly until the froth gradually appears on the tea soup) → Whisk again (whisk rapidly with Cha Xian, and then gradually slow down to a steady speed) → Finish whisking tea (when the froth is milky white, the whisking step is completed) → Create Chinese tea arts before serving the tea (performing tea art such as painting or calligraphy on the froth of the tea soup is called Chabaixi in ancient China).

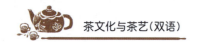

学习项目2

辨识茶

知识目标

1.了解茶叶的主要化学成分及功效。

2.了解茶叶的主要品类与加工工艺。

3.熟悉中国名茶代表及产地。

4.了解茶叶的基本鉴别方法。

技能目标

1.掌握茶叶含有的主要成分。

2.掌握茶叶的基本分类。

3.能够辨识茶叶的种类。

4.能掌握中国名茶的种属、产地和品质特征。

德育目标

通过茶叶的营养成分和保健功效、茶叶的分类与工艺方法、审评要求等知识学习，引导学生加深对茶叶的科学认知，树立良好的职业技能意识。通过我国各地名茶学习，感知中华民族劳动人民的智慧结晶，增强民族自豪感及文化自信。通过学习茶艺技术，践行工匠精神，提高专业素养。

任务引入

茶为国饮，从古至今无数人为茶而迷，茶叶里面到底有什么“神奇”的东西？茶是世界上饮用最广泛的饮料之一。它是中国对人类和世界文明的一大贡献。自然界有很多植物，唯独茶叶被中国古人广泛应用，并作为一种饮料，形成了中国特有的饮茶文化。“柴米油盐酱醋茶”，饮茶融入了我们的日常生活，喝茶有益健康是众所周知的事实。经科学研究，茶叶中含有1 400多种化学成分，它们形成了茶叶特有的色、香、味，而且对人体营养、保健和预防疾病有重要的作用。其中，茶叶中含有的茶氨酸、咖啡因和茶多酚等营养物质的化学本质都已经逐一被揭示。

任务1 茶叶基础知识

2.1.1 茶叶中的主要化学成分

科学应用茶叶中含有的活性成分对人体营养、保健和预防疾病有着重要的作用。从生化角度来看，茶是各种各样的生化反应而所产生的一系列化学成分组成的特殊物质。茶树鲜叶中主要是水分，水分的含量占75%～78%，干物质的含量占22%～25%，水分与干物质的比例大概为3∶1。干物质主要由有机化合物构成，占比为93%～96.5%，无机化合物只占3.5%～7%，构成有机化合物或无机盐形式存在的基本元素就有30多种，如碳、氢、氮、磷、钾、镁、铁、铜、铝、锰、硼、锌、铅、氟、硅、钠、钴、钙、硒、钒等。茶树鲜叶的成分比例如图2.1所示。

- 水分（75%～78%）
- 干物质（22%～25%）
  - 有机化合物
    - 蛋白质（20%～30%）
    - 氨基酸（1%～4%）（以茶氨酸为主）
    - 生物碱（3%～5%）（以咖啡碱为主）
    - 茶多酚（18%～36%）
    - 糖类（20%～25%）
    - 有机酸（3%左右）
    - 类脂（8%左右）
    - 色素（1%）
    - 芳香物质（0.005%～0.030%）
    - 维生素（0.6%～1.0%）
  - 无机化合物
    - 水溶性部分（2%～4%）
    - 水不溶性部分（1.5%～3%）

图2.1 茶树鲜叶的成分比例

茶叶的营养成分主要是指维持生命所必需的营养元素，如蛋白质、氨基酸、糖类、脂肪酸、维生素、叶绿素、胡萝卜素以及各种矿质元素。饮茶有助于健康就是指茶叶中众多的成分中对身体有利的营养元素能通过激活体内酶的活性，或者其他途径调节人体机能的物质。这些功效成分主要有茶多酚、茶色素、咖啡碱、茶氨酸、茶多糖、有机酸、维生素、芳香物质、水溶性膳食纤维以及矿物质等。其中，茶多酚、茶氨酸、咖啡碱是茶叶三大特征性成分。

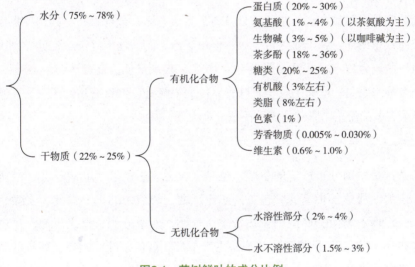

2.1.2 我国现代茶区的分布

我国茶区划分采取三个级别：一级茶区，系全国性划分，用以宏观指导；二级茶区，系由各产茶省份划分，进行省份内生产指导；三级茶区，系由各地县划分，具体指挥茶叶生产。根据生态条件、历史沿革、栽培习惯、饮茶习俗等因素，我国大致分为四个茶区：华南茶区、西南茶区、江南茶区、江北茶区。

茶叶主要化学成分及功效

(1)华南茶区

华南茶区是中国最南部的茶区，也是茶树最适生态区，包括福建东南部、广东东南部、广西南部、云南中南部以及海南等地。属边缘热带气候，年均气温在18～24 ℃。该区主产茶类有红茶、绿茶、乌龙茶和普洱茶等。著名茶叶有滇红、英红、凤凰单丛、铁观音、黄金桂、冻顶乌龙、普洱等。

(2)西南茶区

西南茶区是中国最古老的茶区，是茶树适宜生态区，包括贵州、四川、重庆、云南中北部及西藏东南部。属于亚热带气候，但由于地势高，地形复杂，气候差别大，年均气温在四川盆地为17 ℃，云贵高原为14～15 ℃，极端最低温度可达-8～-5 ℃。主产茶类：绿茶有都匀毛尖、遵义毛峰、竹叶青、峨眉毛峰等，红茶有川红工夫，黄茶有蒙顶黄芽，黑茶有下关沱茶、康砖、重庆沱茶、金尖茶等。

(3)江南茶区

江南茶区是中国分布最广的茶区，也是茶树适宜生态区，北起长江，南至南岭北麓，东邻东海，西达云贵高原，包括广东、广西、福建中北部，湖北、安徽、江苏南部，浙江、江西、湖南。属南中亚热带季风气候，四季分明，温暖湿润，夏热冬寒，全年气温在15～18 ℃。绿茶和乌龙茶是主产茶类。名优茶叶代表有：两广的乐昌白毛尖、仁化银毫、桂平西山茶、桂林毛尖，福建的闽红工夫、武夷水仙、白毫银针和白牡丹（白茶），湖北的恩施玉露、宜红工夫、青砖茶，湖南的安化松针、古丈毛尖、君山银针（黄茶）、黑砖茶，江西的庐山云雾、婺绿，安徽的黄山毛峰、太平猴魁、祁门红茶，浙江的西湖龙井、顾渚紫笋，江苏的碧螺春、阳羡茶等。

(4)江北茶区

江北茶区是中国最北部的茶区，是茶树次适宜生态区。江北茶区位于长江中下游北部，包括江苏、安徽北部，湖北北部，河南、陕西、甘肃南部，山东东南部。江北茶区属于北亚热带和暖温带季风气候，雨量偏少，冬季干燥寒冷，年平均气温13～16 ℃。本区除了生产少量黄茶与红茶，几乎都是生产绿茶，著名的有六安瓜片、舒城兰花、信阳毛尖、崂山绿茶等。

任务2 茶叶的分类与品质特征

中国茶叶产地幅员辽阔，很多地区均有种植。俗话说：“茶叶学到老，茶名记不了。”中国茶叶种类繁多，品质各异，从加工工艺上可以分为六大茶类。茶叶的不同是源于不同的加工制作方法：原则上，从任何一种茶树上摘下来的鲜叶，都可用不同的方法制作，做成任何一样成品茶叶。当然，某一品种的茶树最适合做成哪一样的茶叶，是有它的“适制性”的。

2.2.1 茶叶的分类方法

茶叶类型如图2.2所示。

图2.2 茶叶类型

中国茶从古至今有多种不同的分类方法。如唐代陆羽把茶叶大致分为粗茶、散茶、末茶、饼茶，元代分为芽茶和叶茶。茶叶可以根据多种方法来分类，如茶叶的加工工艺、产地、季节、级别、外形、销路等。中华人民共和国成立后，我国茶叶分类，根据茶叶发酵程度的不同和茶叶的制造工艺不同，可以分为不发酵茶、半发酵茶、全发酵茶，并将其分为六大类基本茶类和再加工茶类，即绿茶、红茶、乌龙茶、黄茶、白茶及黑茶和花茶类。

（1）根据茶叶的发酵程度分类

根据茶叶的发酵程度，可分为全发酵茶、半发酵茶和不发酵茶。

（2）根据产茶的季节分类

春茶又名头帮茶或头水茶，指当年3月下旬到5月中旬采制的茶叶。春茶在清明前采摘的称为明前茶，谷雨前采摘的称为雨前茶。绿茶中以明前茶品质最好，数量少，价格最高。

夏茶又称二帮茶或二水茶，是5月初至7月初采制的茶叶。

秋茶又称三水茶或三番茶，是在夏茶采后1个月采制的茶叶。

冬茶又称四番茶，即秋分以后采制的茶叶。我国东南茶区极少采制，仅在云南省等少数气候较为温暖的茶区尚有采制。

(3)根据茶叶的加工程度分类

根据茶叶加工程度可分为毛茶和精茶。各种茶叶经初制后的成品因其外形比较粗放，统称毛茶。精茶又称精制茶、再制茶或成品茶。毛茶再经筛分、拣剔，使其成为外形整齐划一、品质稳定的成品。

(4)根据茶叶的形态分类

根据茶叶的形状可分为长条形茶、螺钉形茶、卷曲形茶、针形茶、扁形茶、尖形茶、单芽茶、团块形茶、束形茶、花朵形茶、颗粒形茶、珠形茶、片形茶等。

(5)根据茶叶的产地分类

我国有20个省、区产茶，可以划分为江北、江南、西南和华南四大产区。根据地区可以分为浙茶、闽茶、台茶、滇茶、赣茶、徽茶等。如普洱茶、滇红工夫茶等属于滇茶，铁观音、黄金桂等属于闽茶。

(6)根据茶树的生长环境分类

根据茶树的生长地理条件，茶叶可以分为高山茶、平地茶和有机茶几种类型，品质也有所不同。

(7)根据茶叶的生产工艺分类

根据茶叶的生产工艺可分为基本茶类和再加工茶类两种。在影响茶叶品质的诸多因素中，生产工艺无疑是最直接也是最主要的，任何茶叶产品只要是以同一种工艺进行加工而成，就会具备相同或相似的基本品质特征。因此，根据茶叶的制作工艺划分茶是目前比较常用的茶叶划分方法。

2.2.2 六大茶类的加工工艺及品质特征

(1)绿茶的初制工艺

初制加工工艺：鲜叶摊放→杀青→揉捻→干燥。其中，杀青是绿茶中的关键工艺，指通过高温使酶失去活性，阻止鲜叶内化学成分发生酶促氧化，保持清汤绿叶品质。

①品质特征。清汤绿叶，清香鲜醇，属于不发酵茶。

②主要产区。广东、浙江、安徽、江苏、江西、湖南、湖北、山东、四川、贵州等省份。

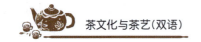

③干燥方式。根据加工工艺中干燥方式的不同，绿茶可以分为蒸青、晒青、烘青和炒青。

A.蒸青就是利用高温蒸汽进行杀青，蒸青绿茶的成品茶具有“干茶绿、汤色绿、叶底绿”的三绿特征。绿茶制作简单流程如图2.3—图2.8所示。

图2.3 鲜叶

图2.4 杀青

图2.5 揉捻

图2.6 干燥

图2.7 初步成形

图2.8 干燥成形

B.晒青是直接利用阳光进行干燥的绿茶制法。如云南的滇青。

C.烘青是利用烘干方式进行干燥的绿茶制法。如安吉白茶（图2.9）、黄山毛峰（图2.10）、太平猴魁（图2.11）等。

图2.9 安吉白茶

图2.10 黄山毛峰

图2.11 太平猴魁

D.炒青则是利用锅炒方式进行干燥的绿茶制法，如西湖龙井（图2.12）、洞庭碧螺春（图2.13）等。

图2.12 西湖龙井

图2.13 洞庭碧螺春

（2）红茶

①加工工艺。鲜叶→萎凋→揉捻→发酵→干燥。其中，萎凋和发酵是红茶制茶过程中最为关键的两个步骤。茶叶经过揉捻的过程，充分破坏茶叶细胞，茶多酚在自身酶作用下发生氧化反应，生成茶黄素、茶红素、茶褐素等红茶中特有的茶色素，与红茶中的氨基酸、蛋白质、糖、咖啡碱、有机酸等物质共同形成红茶红叶红汤的品质特征。下面看图2.14—图2.26了解一杯红茶是怎么制作而来的。

图2.14 红茶品种

图2.15 红茶鲜叶（茶青）

图2.16　萎凋

图2.17　揉捻

图2.18　揉捻后解块

图2.19　分筛

图2.20　发酵

图2.21　干燥

图2.22　初制成形

图2.23　第二次干燥

图2.24　制作完成

图2.25　分装打包

图2.26　初制后的茶汤

图2.27　红碎茶

②红茶品质特征。“红汤红叶”，滋味甜醇。干茶色泽乌黑油亮，有些带金毫，汤色橙黄或橙红或红艳明亮，叶底红艳明亮。

③红茶的分类。根据初制工艺的不同，红茶成品品质也有所不同，分为小种红茶、工夫红茶（图2.28）和红碎茶（图2.27）。

红碎茶的加工工艺为萎凋→揉切→发酵→烘干→切碎。红碎茶是分级红茶，可分为叶茶、片茶、碎茶和末茶。它的特点是汤味浓、强、鲜，发酵程度略轻，汤色橙红明亮，香气略清。目前，红碎茶是国际茶业市场的大宗商品。

小种红茶的加工工艺为萎凋→揉捻→发酵→过红锅→复揉→烟焙，是采用小叶种茶树鲜叶制成的红茶，并加以炭火烘烤，如武夷山的正山小种（图2.28），其外形条索肥实，色泽乌润，泡水后汤色红浓，香气高长，带松烟香，滋味醇厚，带桂圆汤味。

工夫红茶的加工工艺为萎凋→揉捻→发酵→烘干。茶汤滋味要求醇厚带甜，汤色红浓明亮，果香浓郁，发酵较为充分；红茶中的名茶主要有祁门红茶（图2.29）、英红九号（图2.30）、政和工夫、坦洋工夫、白琳工夫、滇红、闽红工夫、九曲红梅、宁红工夫、宜红工夫，等等。

图2.28　正山小种

图2.29　祁门红茶

图2.30　英红九号

金骏眉鉴赏如图2.31—图2.33所示。

图2.31　金骏眉

图2.32　金骏眉叶底

图2.33　金骏眉茶汤

正山小种来源

中国红茶在国外的传播与影响

（3）黄茶

①加工工艺。（鲜叶）摊放→杀青→揉捻→闷黄→干燥（部分黄茶干燥后闷黄）。黄茶的初制方法近似绿茶，是在揉捻后增加“闷黄”工序，属于轻发酵茶。闷黄是黄茶制作中的关键工艺，在湿热闷蒸作用下，叶绿素被破坏而产生褐变，成品茶叶呈黄色或黄绿色。

②品质特征。黄汤黄叶、滋味醇厚爽口。

③分类方法。黄茶按鲜叶老嫩的不同分为黄芽茶、黄小茶和黄大茶。

A.黄芽茶。采摘标准为单芽、一芽一叶，制作工艺比较精细，品质较好，具体品种有君山银针、蒙顶黄芽（图2.34、图2.35）、霍山黄芽（图2.36）。

图2.34 蒙顶黄芽

图2.35 蒙顶黄芽叶底与茶汤

图2.36 霍山黄芽

B.黄小茶。一芽二叶，如北港毛尖、沩山毛尖、远安鹿苑茶、皖西黄小茶等。

C.黄大茶。一芽三四叶，如安徽霍山、金寨、六安和湖北英山所产的黄大茶和广东大叶青等。

④主要产区。黄茶的主产区较为分散，湖南、湖北、四川、安徽、浙江和广东等地均有生产。

（4）白茶

①加工工艺。（鲜叶）萎凋→干燥。白茶加工的工艺流程较为简单，但对加工环境与品质把控要求较高，尤其在萎凋阶段，加工的外部环境条件如温湿度与光照强度都会影响白茶最终品质；萎凋工艺耗时较长，往往长达30～72小时。

萎凋是白茶制作的关键工艺，鲜叶采制后自然萎凋，不炒不揉，自然干燥而得。白茶按不同萎凋工艺可进一步分为自然萎凋、加温萎凋和复式萎凋三种。

②品质特征。干茶外表满披白毫，色泽银灰，毫香显著，滋味鲜醇“回甘”；属于微发酵茶。

③分类方法。白茶按原料嫩度分类，有全芽的白毫银针（芽茶）（图2.37）、白牡丹（叶茶）（图2.38）、贡眉（寿眉）（图2.39）。民间认为白茶一年是茶，三年是药，七年是宝，长时间陈放后的白茶滋味越趋醇厚，汤色黄亮明净。

图2.37　福鼎白毫银针

图2.38　福鼎白牡丹

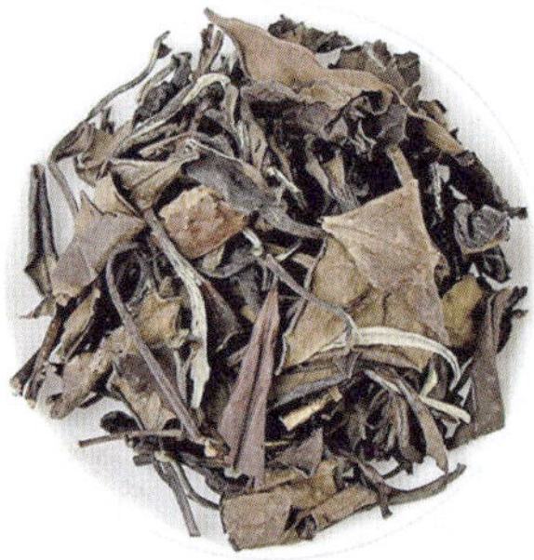
图2.39　贡眉

（5）乌龙茶（青茶）

①加工工艺。鲜叶（萎凋）→晒青→凉青→做青→杀青→揉捻→干燥。具体流程如图2.40—图2.47所示。乌龙茶又叫青茶，是半发酵茶。萎凋按方式不同可分为三种：自然萎凋、日光萎凋和控温萎凋。做青是乌龙茶加工中最关键的工序，是指通过机械碰撞使叶片发生局部氧化，所以乌龙茶具有绿叶红镶边的特征。做青过程中鲜叶的香气有了复杂而丰富的变化，原本的青味逐渐向花香、果香、蜜香转变，因此乌龙茶多具有高香的特点。

②品质特征。叶底绿叶红镶边，高香悠长，鲜爽甘厚。

③工艺特点。按工艺划分为浓香型和清香型，也即传统工艺和现代工艺之分，但具体的花色品类之间仍然有较大的差异。青茶的杀青是为了固定做青形成的品质，且进一步散发青气，提升茶香，同时减少茶叶水分含量，使叶张柔软，有利于揉捻成形。

④青茶分类有闽北武夷岩茶、闽南铁观音、广东单丛和台湾乌龙。典型的代表有大

红袍、水仙、肉桂、铁观音、单丛、台湾高山乌龙、冻顶乌龙、东方美人等。

图2.40 乌龙茶鲜叶

图2.41 萎凋（晒青）

图2.42 凉青

图2.43 做青

图2.44 杀青

图2.45 揉捻

图2.46 干燥

图2.47 初制成形

⑤主要名品的特点。

A.铁观音。安溪铁观音以“色绿、沉重、清香、鲜甜”的显著特色，以“美如观音、重如铁”而得名。铁观音是乌龙茶的极品，其品质特征是茶条卷曲，肥壮圆结，色泽砂绿，整体形状似蜻蜓头、螺旋体、青蛙腿。冲泡后汤色金黄浓艳似琥珀，有天然馥郁的兰花香，滋味醇厚甘鲜，回甘悠久，俗称有“音韵”。

B.凤凰单丛。凤凰单丛条索卷曲，紧结肥壮，色泽青褐，内质有自然花香、滋味鲜爽浓郁甘醇，汤色黄艳，叶底绿叶红镶边（青蒂、绿腹、红镶边）。

C.大红袍。大红袍的品质特征是条索扭曲、紧结、壮实，色泽青褐油润带宝色，香气馥郁，高长隽永，杯底余香持久，滋味浓而醇厚，顺滑回甘，岩韵明显，汤色深橙黄，清澈艳丽，叶底软亮匀齐，红边鲜明。大红袍既是茶树品种名，又是茶叶商品名，产品包括传统大红袍和区域公共品牌大红袍。传统大红袍采用无性繁殖的大红袍茶树新梢，以适合的制作技术（用武夷岩茶传统的做青、焙制方法）加工，它既保持母树大红袍茶叶的优良特性，又有其特殊的香韵品质，即市场上所谓的纯种大红袍。而现在作为公共品牌产品的大红袍，多是以武夷山的主产品种茶叶经过风味筛选、拼配加工而成的。

D.武夷水仙。武夷水仙品质特性优良稳定，其外形条索肥壮、重实、叶端扭曲，主脉宽大扁平，色泽绿褐油润或青褐油润，香气浓郁清长，有特有的兰花香，滋味浓厚，甘滑清爽，喉韵明显，汤色清澈明亮，呈深金黄色，叶底肥厚软亮，红边鲜明。

E.武夷肉桂。武夷肉桂以香气辛锐浓长似桂皮香而得名。外形条索匀整卷曲，色泽褐绿，油润有光；香气浓郁持久，以辛锐见长，有蜜桃香或桂皮香，佳者带乳香，滋味醇厚鲜爽口，回甘快且持久，汤色橙红清澈，叶底黄亮柔软，红边明显。

F.武夷奇种。以菜茶或其他品种鲜叶制成的岩茶称为武夷奇种。菜茶是指武夷山原产的有性群体茶树品种，其种为成品茶产品名。品质特征是条索紧结、重实，叶端稍扭曲，色泽乌褐较油润，香气清高细长，滋味清醇甘爽，喉韵较显，汤色橙黄明亮，叶底柔软较匀齐，红边稍显。

G.东方美人。东方美人是我国台湾地区独有的名茶，又名膨风茶，又因其茶芽白毫显著，又名为白毫乌龙茶，是半发酵青茶中发酵程度最重的茶品，其外形红、白、黄、绿、褐色泽相间，五彩缤纷；茶汤为琥珀色，香气为成熟的果香与蜂蜜香，滋味软甜甘润。该茶在制作方面最大的特点是小绿叶蝉（图2.48），经小绿叶蝉吸食后，茶芽产生自然的发酵变化。东方美人茶叶的香气具有独特的蜂蜜和熟果香味，被称为“椪风茶”，是茶中的珍品。东方美人的茶汤所冲泡出的茶汤，颜色比其他的乌龙茶汤更浓，呈明澈鲜丽的琥珀色，恰似东方古典美人的诱人美感。

图2.48　小绿叶蝉

武夷山大红袍、武夷水仙、武夷山肉桂、武夷山铁罗汉、安溪铁观音、凤凰单丛、东方美人、冻顶乌龙如图2.49—图2.56所示。

图2.49　武夷山大红袍

图2.50　武夷水仙

图2.51　武夷山肉桂

图2.52　武夷山铁罗汉

图2.53　安溪铁观音

图2.54　凤凰单丛

图2.55　东方美人

图2.56　冻顶乌龙

潮州
凤凰单丛茶

黑茶的历史
及主要产地

（6）黑茶

①加工工艺。黑茶的加工分两个阶段，一是黑毛茶的加工，二是黑茶成品茶的加工。黑茶的基本初制工艺流程如下：干燥前渥堆：杀青→揉捻→渥堆→干燥。干燥后渥堆：杀青→揉捻→干燥→渥堆→干燥。

②茶叶特点。黑茶是利用菌（微生物）发酵方式制成的一种茶叶。黑茶的原料比

较粗老，制造过程往往要堆积发酵较长时间，叶片大多呈暗褐色，因此被人们称为“黑茶”。黑茶是后发酵茶。渥堆是黑茶加工中的关键工艺，工艺原理主要有湿热作用和微生物参与反应，促使茶的内含物质发生一系列复杂的化学变化，从而形成黑茶特有的品质。

③品质特征。干茶色泽黑褐油润，汤色褐黑或者褐红，滋味醇和无苦涩。

④主要品种。黑茶是六大茶类之一，也是我国特有的一大茶类。生产历史悠久，产区广阔，销售量大，花色品种很多。成品茶现有湖南的金尖、贡尖、生尖、黑砖茶、花砖茶、特制花砖、普通茯砖，湖北青砖茶，广西六堡茶，四川的南路边茶（康砖、金尖）、西路边茶（茯砖、方包），云南的紧茶等；产量占全国茶叶总产量四分之一左右，以边销为主，部分内销、少量侨销。因此，习惯上称黑茶为“边茶”。

⑤主要产地。按照产地和加工工艺的不同，黑茶一般可分为湖南黑茶、湖北黑茶、四川边茶、滇桂黑茶。其中，湖南黑茶主要集中在安化，湖北黑茶包括青砖和米砖等，四川黑茶包括南路边茶、西路边茶等，滇桂黑茶包括云南普洱茶、六堡茶等。

2.2.3 云南普洱茶

云南普洱茶产于澜沧江流域的西双版纳及思茅等地。因历史上多集中于滇南重镇普洱加工、销售，故以普洱命名。普洱茶以云南省一定区域内的云南大叶种晒青茶为原料，采用特定工艺、经后发酵加工形成的散茶和紧压茶。可蒸压成不同形状的紧压茶——饼茶、沱茶、砖茶等。普洱茶以发酵不同分为生茶和熟茶两种。

（1）普洱熟茶

普洱熟茶（图2.57、图2.58），是以符合普洱茶生茶产地环境条件下生产的云南大叶种晒青茶为原料，采用渥堆工艺，经后发酵加工形成的散茶和紧压茶。其色泽褐红，滋味醇和，具有独特的陈香。普洱茶采用“渥堆”发酵技术，1973年开始重新进行尝试，1975年人工渥堆技术在昆明茶厂正式试制成功，从此揭开了普洱茶生产的新篇章。人工发酵技术的研制是为了解决普洱茶自然发酵时间过长（往往十几数十年）的问题。

图2.57　宫廷普洱茶（熟茶）

图2.58　普洱茶茶汤（熟茶）

（2）普洱生茶

普洱生茶（图2.59、图2.60）是以符合普洱茶生茶产地环境条件下生产的云南大叶种茶树鲜叶为原料，经萎凋、杀青、揉捻、晒干、蒸压、干燥成型制成的散茶及紧压茶。

图2.59 普洱生茶

图2.60 普洱生茶茶汤

（3）圆茶

圆茶又称为七子饼茶（图2.61、图2.62），是云南省西双版纳傣族自治州勐海县勐海茶厂生产的一种传统名茶。七子饼茶也属于紧压茶，它是将茶叶加工紧压成外形美观酷似满月的圆饼茶，然后将每7块饼茶包装为1筒，故得名“七子饼茶”。

图2.61 七子饼茶（生茶）

图2.62 七子饼茶（熟茶）

（4）沱茶

沱茶产于云南、重庆等地。一种是以细嫩的晒青毛茶为原料，蒸压而成；另一种是以普洱茶压制而成，云南沱茶如图2.63所示。

图2.63 云南沱茶

任务3　中国十大名茶鉴赏

中国茶叶历史悠久，各种各样的茶类品种，万紫千红，竞相争艳。中国名茶是茶叶中的珍品，在国际上享有很高的声誉，有传统名茶和历史名茶之分。在中国茶叶历史上，不同时间曾多次评出过中国十大名茶。

2.3.1　西湖龙井

西湖龙井茶素有“国茶”之称，与杭州的虎跑泉并称“杭州双绝”。龙井名茶是文人雅士笔下的佳句名篇，苏东坡的“自古佳茗似佳人”就是赞美西湖龙井的。西湖龙井以“形美、色绿、香郁、味甘”四绝享誉中外。

产地：西湖龙井（图2.64）特指原产于浙江省杭州市西湖风景区的龙井茶，即狮峰、翁家山、虎跑、梅家坞、云栖、灵隐一带的山中所产的龙井茶。其中，产于狮峰的品质最佳（图2.65、图2.66）。

图2.64　西湖龙井

图2.65　狮峰龙井叶底

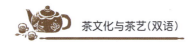

图2.66　狮峰龙井茶汤

品质特征

干茶：扁平挺直，形如“碗钉”。色泽绿中显黄。手感光滑。一芽一叶或二叶。芽长于叶，一般3厘米以下，芽叶均匀成朵。不带夹蒂、碎片。

茶汤：呈黄绿色，清澈明亮。

香气：香馥如兰，清高持久。

滋味：鲜醇甘爽。

叶底：芽叶细嫩成朵，嫩绿明亮。

慧眼识茶

选购西湖龙井时，要注意赏其形、闻其香、观其色、品其味、评叶底五个方面。真品龙井外形扁平、叶细嫩；色泽黄绿，手感光滑，不带夹蒂或碎片，味道清香，隐有豆香或者兰花香味。假的龙井则多含青草味、夹蒂较多。色泽为通体碧绿。建议买茶时选择购买正规、有品牌、有知名度的西湖龙井。

冲泡方法

用量：2~3克/人。

水温：80~85 ℃。

茶水比：1∶50。

适宜茶具：盖碗、玻璃杯（首选）、瓷壶。

杯泡投茶方法：下投法。

冲泡提醒

①特级龙井茶无须洗茶。

②龙井茶不宜用沸水冲泡。

③最好用玻璃杯冲泡，能观赏茶在水中上下沉浮的过程。

西湖龙井茶

认识西湖龙井茶

2.3.2 洞庭碧螺春

碧螺春（图2.67）产于我国著名风景旅游胜地江苏省苏州市吴县的洞庭山，又名洞庭碧螺春。碧螺春是中国十大名茶之一，也是仅次于西湖龙井的中国第二名茶。

产地：江苏省苏州市太湖之滨的洞庭山。

品质特征

干茶：外形条索纤细匀整，形曲如螺、满披茸毛，白毫显露，色泽碧绿。

茶汤：碧绿清澈。

香气：清香淡雅，有花果香。

滋味：鲜爽生津，回味绵长。

叶底：柔软翠绿，匀整明亮。

慧眼识茶

洞庭碧螺春银芽显露，一芽一叶，芽为白毫，银白隐翠，卷曲成螺。滋味鲜醇回甘，汤色碧绿清澈，叶底嫩绿明亮者为佳。假的碧螺春多为一芽两叶，芽叶长度不齐，呈黄色，且茸毛多为绿色。真品碧螺春用开水冲泡后呈微黄色，色泽柔亮、鲜艳。加色素的碧绿茶汤，看上去比较暗黄，如陈茶的颜色。

冲泡方法

用量：3克/人。

水温：80~85 ℃。

茶水比：1∶50。

适宜茶具：玻璃杯（首选）（图2.68）、盖碗、瓷壶。

杯泡投茶方法：上投法。

图2.67　碧螺春

图2.68　杯赏碧螺春

认识碧螺春

冲泡提醒

碧螺春冲泡后的茶汤会有“毫浑”，这属于正常现象，因为碧螺春白毫多，所以冲泡后，茶汤表面会有毫毛浮起，给人的感觉有一点混浊，不影响茶汤的品质和口感。

2.3.3　黄山毛峰

黄山毛峰（图2.69）属于烘青绿茶，以其独特的“香高、味醇、汤清、色润”被誉为茶中珍品。

产地：安徽省黄山市风景区和毗邻的汤口、充川、芳村、杨村、长潭一带。

图2.69　黄山毛峰

品质特征

干茶：条索细扁、稍卷曲、状似“雀舌”，银毫显露，芽尖似峰。

茶汤：杏黄清澈。

香气：清香高长。

滋味：甘醇鲜爽，回味甘甜。

叶底：黄绿鲜嫩，嫩匀成朵。

慧眼识茶

优质黄山毛峰形似雀舌，白毫显露，色泽绿润，带有金黄色鱼叶，芽叶成朵。伪品黄山毛峰一般带有人工色素，显土黄色，味道稍苦涩、清淡，条叶形态不齐，叶底不成朵。

冲泡方法

用量：2～3克/人。

水温：80～85 ℃。

茶水比：1：50。

适宜茶具：玻璃杯（首选）、盖碗、瓷壶。

杯泡投茶方法：下投法。

冲泡提醒

泡茶水温宜控制在85～90 ℃，冲泡过程中可不洗茶。

2.3.4 六安瓜片

六安瓜片（图2.70）又称片茶，具有悠久的历史底蕴和丰富的文化内涵。在唐代被称为“庐州六安茶”。明始称“六安瓜片”，为上品。

产地：安徽省六安、金寨、霍山等地。

图2.70 六安瓜片

品质特征

干茶：瓜子形单片叶，平展匀整，色泽翠绿。

茶汤：清澈透亮。

香气：清香高爽。

滋味：鲜爽回甘。

叶底：嫩绿明亮。

慧眼识茶

优质的六安瓜片外形瓜子状、匀整、嫩度高，色泽嫩绿光润，微向上重叠，汤色碧绿明净，香气持久，滋味醇正回甘；劣等的六安瓜片外形不规则，味道较苦，色泽较黄。

冲泡方法

用量：3克/人。

水温：80 ~ 85 ℃。

茶水比：1∶50。

适宜茶具：玻璃杯（首选）、盖碗、瓷壶。

杯泡投茶方法：下投法。

冲泡提醒

冲泡温度适宜在85 ℃左右，如在冲泡过程中进行“摇香”，能使茶叶香味充分散发，使茶叶中的内含物质充分溶解到茶汤中。

2.3.5 君山银针

君山银针由未展开的肥嫩芽头制成，芽头肥壮挺直、匀齐，满披茸毛，内呈橙黄色，故得雅号“金镶玉”，又因茶芽外形很像一根根银针，命名为君山银针。

产地：湖南省岳阳洞庭湖的君山。

品质特征

干茶：芽头肥壮，大小均匀，芽身金黄发亮，有淡黄色茸毛。

茶汤：橙黄明亮。

香气：高爽清鲜，似嫩玉米香。

滋味：甘爽醇和。

叶底：叶底肥厚嫩毫，黄绿匀齐。

慧眼识茶

优质的君山银针芽头呈金黄色，享有“金镶玉”的美称，外层是鲜亮的白毫。茶香气清高，入口滋味味醇甘爽，齿颊留香。次品君山银针茶芽瘦弱、弯曲、颜色较暗黄。

冲泡方法

用量：3克/人。

水温：80 ~ 85 ℃。

茶水比：1∶50。

适宜茶具：玻璃杯（首选）、盖碗。

杯泡投茶方法：中投法。

冲泡提醒

冲泡水温不宜太高，冲泡方法与名优绿茶的冲泡方法相近。如果用玻璃杯冲泡君山银针直接饮用，为了不让茶汤滋味苦涩，投茶量要少。另外，冲泡后应尽快出汤饮用，避免因冲泡时间过长导致茶汤变得苦涩。

2.3.6 祁门红茶

祁门红茶是中国传统工夫红茶的珍品。以其外形苗秀，色有“宝光”，冲泡以后，汤色明亮红润，香气浓郁，在国际上享有盛誉。祁门红茶与印度的大吉岭红茶、斯里兰卡的乌瓦红茶并称为“世界三大高香茶”，是英国王室的至爱饮品，高香美誉，香名远播，美称“群芳最”“红茶皇后”。

产地：安徽省祁门县。

品质特征

干茶：条索紧细修长，金黄色芽毫显露，色泽乌润。

茶汤：红艳明亮。

香气：清香持久，有甜花香。

滋味：醇厚回甘。

叶底：叶底微软，鲜红明亮。

慧眼识茶

优质祁门红茶外形条索紧细，苗秀显毫，干茶乌润，茶汤红艳明亮，滋味醇厚、鲜爽，有独特的似花、似果、似蜜的祁门香。香气持久。劣质或者假的祁门红茶一般经过人工染色，茶汤颜色虽然很红，但不透明，且滋味苦涩淡薄，香气低闷。

冲泡方法

用量：3克/人。

水温：90 ℃左右。

茶水比：1∶50。

适宜茶具：盖碗、陶瓷茶壶等。

投茶方法：投茶前先将少量热水倒入壶内温壶，弃水后再将茶叶缓缓拨入壶中，一般按1∶50的比例把茶放入壶中。

冲泡提醒

优质的祁门红茶冲泡时不用洗茶。泡茶的水温在90～95 ℃。冲泡工夫红茶一般采用壶泡法，茶叶按比例放入茶壶中，加水冲泡，冲泡时间在2～3分钟，然后按循环倒茶法将茶汤注入茶杯中并使茶汤浓度均匀一致。注意不要冲入热水后立即出汤。

2.3.7 武夷大红袍

武夷山位于闽北，风景秀丽， 当地“山山有岩，岩岩有茶”，是著名的旅游胜地，武夷山的盛名，与其盛产的岩茶有很大的关系。大红袍生长在武夷山天心岩九龙窠的岩壁上，因其滋味醇厚、香气馥郁、润滑爽口，有明显的“岩韵”，有岩茶之王的美誉。饮后齿颊留香、经久不退，七泡有余香，也被誉为“武夷茶王”。大红袍的母树只有六株，生长在悬崖峭壁上，都是千年古树，如图2.71所示。目前，市面上的大红袍来自母树的无性繁殖后代。1959年，大红袍被全国“十大名茶”评委会评选为“中国十大名茶”之一。

产地：福建省武夷山。

图2.71　武夷山母树大红袍

品质特征

干茶：条索紧结，色泽绿褐鲜润。

茶汤：汤色橙黄明亮。

香气：香气馥郁持久，有兰花香。

滋味：滋味醇厚，齿颊留香。

叶底：叶底边缘朱红或其红点，中央呈浅黄绿色。

慧眼识茶

选购时以外形条索紧结，色泽绿褐鲜润，冲泡后汤色橙黄明亮，叶片红绿相间，香气持久而耐泡为上品。选购时可以看包装及产地，一般来说，“三十六峰”“九曲溪”区域内的大红袍最为正宗。

冲泡方法

用量：5克/人。

水温：100 ℃。

茶水比：1∶22。

适宜茶具：紫砂壶、盖碗。

投茶方法：先将开水倒入紫砂壶或者盖碗中进行温壶，弃水不用，再将茶叶拨入壶中，一般投茶量需要达到壶身的三分之二。

冲泡提醒

水温需达100 ℃，第一泡加盖冲泡2～3分钟。冲泡中按“工夫茶”冲泡程序，使用小壶小杯细品慢饮，才能尝到真正的岩茶的韵味。

2.3.8　安溪铁观音

安溪铁观音代表了闽南乌龙茶的风格，素有“茶王”之称。安溪铁观音是在青山绿水、景色优美的自然生态环境中造就出来的好茶。安溪铁观音又称红心观音、红样观音。

产地：福建省安溪县。

品质特征

干茶：外形卷曲，肥壮圆结，沉重匀整，色泽砂绿，整体形状似蜻蜓头、螺旋体、青蛙腿。

茶汤：汤色金黄。

香气：香气馥郁持久，有兰花香。

滋味：醇厚甘鲜，回味悠长。

叶底：肥厚明亮。

慧眼识茶

优质的铁观音色泽鲜润，呈青蒂绿腹蜻蜓头状，茶叶紧结，叶身沉重，取少量茶叶放入茶壶中，会听到“当”“当”的清脆声音；赝品或者次品铁观音的声音则没有明显的声感。优质的铁观音茶汤色泽金黄，清澈，茶叶冲泡展开后叶底肥厚明亮，带有兰花香，馥郁持久，有“七泡有余香”的特点。

冲泡方法

用量：5克/人。

水温：100 ℃。

茶水比：1∶22。

适宜茶具：紫砂壶、盖碗。

投茶方法：投茶前先用热水进行温壶，再将茶叶缓缓拨入壶中，倒入少量热水润茶数秒。

冲泡提醒

将开水倒入紫砂壶或者盖碗中先进行温壶，弃水不用。冲泡水温要达95 ℃以上，第一泡等候1～3分钟出汤。冲泡中按“工夫茶”冲泡程序使用小壶小杯细品慢饮，才能尝到真正观音韵。铁观音的叶底和茶汤如图2.72所示。

图2.72 铁观音的叶底和茶汤

2.3.9 信阳毛尖

信阳毛尖（图2.73）也称豫毛峰，是河南省著名特产之一，以“细、圆、光、直、多白毫、香高、味浓、汤色绿”为其独特风格。

产地：河南省南部大别山信阳市。

图2.73 信阳毛尖

品质特征

干茶：条索紧细，匀直，有锋苗。

茶汤：黄绿明亮。

香气：香气高鲜，有熟板栗香。

滋味：鲜浓醇香。

叶底：细嫩匀整。

慧眼识茶

优质信阳毛尖，外形匀整，白毫明显，色泽鲜亮，有光泽。茶汤嫩黄明亮，香气高爽清香，滋味鲜浓甘醇；劣质信阳毛尖色泽较暗，光泽发乌，白毫少，汤色较深绿，滋味苦涩。

冲泡方法

用量：3克/人。

水温：85 ℃左右。

茶水比：1∶50。

适宜茶具：玻璃杯（首选）、盖碗、瓷壶。

杯泡投茶方法：下投法。

冲泡提醒

冲泡过程无须洗茶。优质的信阳毛尖第一泡苦，二泡甜，一般冲泡三五次尚有熟板栗香，冲泡水温以85 ℃左右为宜。

2.3.10 都匀毛尖

都匀毛尖是历史名茶，又称细毛尖、鱼钩茶，是贵州的三大名茶之一，也是中国的十大名茶之一。都匀毛尖品质优佳，形可与太湖碧螺春并提，质能与信阳毛尖媲美。

产地：贵州省南部都匀市。

品质特征

干茶：条索卷曲，色泽翠绿，外形匀整、白毫显露。

茶汤：绿中透黄，清澈明亮。

香气：香气清高。

滋味：滋味鲜浓，回味甘甜。

叶底：芽头肥壮、明亮。

慧眼识茶

优质的都匀毛尖条索卷曲，色泽翠绿，外形匀整，白毫显露，香气清高，滋味回甘回甜；假冒或者劣质的都匀毛尖外形大小不一，滋味较薄，往往第一次冲泡就没有什么味道。

冲泡方法

用量：3克/人。

水温：80～85 ℃。

茶水比：1∶50。

适宜茶具：玻璃杯（首选）、盖碗、瓷壶。

杯泡投茶方法：下投法。

冲泡提醒

烧水要大火急沸，以刚煮沸起泡为宜，然后再冷却至所需温度。冲泡水温不宜太高，以80 ℃左右为宜。冲泡后茶汤绿中透黄，叶底颜色绿中显黄。

任务4 茶叶的品质与审评方法

茶叶的品质特征主要表现在外形和内质两个方面。外形指茶叶的外观特征，就是通过茶叶的外形、色泽、匀整度、匀净度等方面能直观看到的特征；内质则体现在冲泡后茶叶所呈现的香气、滋味、汤色及叶底（叶底形态、色泽）等方面的特征。概括地说，由于茶叶的原料加工工艺与方法不同，形成的各类茶在色、香、味等品质特征上也各不相同，这些特征符合相应的等级和质量要求。

2.4.1 茶叶的品质鉴别

对茶叶品质的鉴评主要包括茶叶品质的感官审评和茶叶检验两大项内容，一般的茶艺工作者是需要掌握茶叶感官审评的，而感官审评是依赖评茶人的实际经验与感受来评定茶叶品质，是每个专业茶艺工作者必须掌握的一项基本技能，是一项难度较高、技术性很强的工作。

（1）茶叶的外形

同一种鲜叶可以制成不同的外形，同一种干茶外形也可以用不同的鲜叶来制成。茶叶的（干茶）外形以规整、松紧适宜为佳。

绿茶的外形有条形、圆形、卷曲形、扁形、花朵形、雀舌形、针形、环钩形、片形、尖形等。

红茶依外形可分为红条茶和红碎茶。

黄茶的外形有条形、穿尖形、兰花形。

白茶未经揉捻，其形状大多呈自然叶片形，白毫银针鲜叶原料全部是茶芽，成品茶形似针状，满披白毫，因色白如银、外形如针而得名。

青茶（乌龙茶）根据产地及加工方法的不同，有直条形、蜻蜓头形和半球形之分。

黑茶中的黑毛茶原料较粗老，而外形呈条形状。根据压制模型的不同，茶叶可以被压制成砖形、枕形等形状。此外，以云南晒青毛茶为原料，通过紧压加工工艺，可以制成沱茶、饼茶和砖茶等形状。

（2）茶叶的色、香、味、形（叶底）

1）色泽

茶叶的色泽由鲜叶中所含的有色物质，经过不同的加工工艺产生变化而形成，包括干茶色泽、茶汤色泽和叶底色泽。鲜叶中的有色物质主要有叶绿素、胡萝卜素、叶黄素、黄酮类物质和花青素等。其中，叶绿素a呈蓝绿色，叶绿素b呈黄绿色，胡萝卜素呈黄色或橙色，叶黄素呈黄色，黄酮类物质也呈黄色，其氧化产物大多呈黄色或棕红色。

2）香气

茶叶的品种不同，香气的类型也不相同。茶叶香气的类型主要由茶叶品种、鲜叶质地、采制季节及制茶工艺决定。绿茶中的芳香成分约有260种，香气一般为板栗香、清香、嫩香、花香。红茶中的芳香成分有400种之多，香型包括花香型、果香型和甜香型等。

3）滋味

茶叶的滋味是由鲜叶中的呈味物质，经一定的加工工艺适度转化，并经冲泡后溶于茶汤而形成的。鲜叶中的呈味物质主要有涩味的儿茶素、鲜爽味的氨基酸、甜味的可溶性糖和苦味的咖啡因等。不同的茶叶经不同的制造工艺，可形成各不相同的滋味特征。

茶叶的滋味以甘、润、鲜、滑、醇为上。

4）外形（叶底）

叶底是指冲泡后充分舒展后的茶渣。一般而言，好的茶叶叶底应该嫩芽比例大、质地柔软、色泽明亮、不花杂，叶形较均匀、叶片肥厚。茶艺师审评时可主要根据叶底的嫩度、色泽和匀整度进行评价。

2.4.2 茶叶审评方法与内容

（1）茶叶感官审评

茶叶感官审评，是指经过训练的评茶人员，使用规范的审评设备，在特定的操作过程中，根据自身视觉、嗅觉、味觉、触觉的感受，对茶叶的品质进行分析评价。审评时，先进行干茶审评，再进行开汤审评。茶叶感官审评的项目已根据标准实现了统一，按照操作流程，主要分为外形、汤色、香气、滋味和叶底五项。针对不同的茶类和产品，在审评项目中的五个内容的侧重点也会有所不同，这反映了不同项目对茶叶品质的贡献度的不同。

（2）茶叶审评的程序

通用的茶叶感官审评方法是先取样，将审评茶样毛茶150～200克放于专用的茶样盘内，评其茶样外形。随后从样盘中取3克茶放入150毫升审评杯内，再用沸水冲至杯满，立即加盖泡5分钟（绿茶为4分钟，红茶为5分钟，颗粒状乌龙茶为6分钟）。随后将茶汤沥入审评碗内，评其汤色，并闻杯内香气。开汤后应先嗅香气，看汤色，再用茶匙取1/2汤匙茶汤入口评滋味，品尝1～2次，最后将杯内茶渣倒入叶底盘中，审评叶底品质，最后评叶底，审评绿茶有时应先看汤色。总体操作程序：取样→评外形→称样→冲泡→沥茶汤→评汤色→闻香气→尝滋味→看叶底。对其中的每一项目填写审评评语，需要时加以评分。

（3）茶叶审评项目

确定茶叶品质的高低，目前已经根据标准实现统一。按照操作过程分为外形、香气、汤色、滋味和叶底五项进行感官审评。根据不同的茶类和产品，五个项目的审评目的侧重点有所不同。

1）外形

整碎度：主要看干茶的外观形状是否匀整。一般从优到差分为匀整、较匀整、尚匀整、匀齐、匀等不同的级差。

形态大小：条索是各类茶所具有的一定的外形规格，是区别商品茶种类和等级的依据。如长炒青呈条形、圆炒青呈珠形、龙井呈扁形等，其他不同种类的茶都有其一定的外形特点。

干茶色泽：干茶色泽主要从色度和光泽度两个方面观察。茶叶的色泽构成物质主要是叶绿素和类胡萝卜素等。茶叶的光泽度反映了新鲜程度。

2）香气

香气是茶叶开汤后随水蒸气挥发出来的气味。茶叶的香气受茶树品种、产地、季节、制作方法等因素影响，使各类茶具有独特的香气风格。香气可以从香型、高低、持久性、鲜陈等方面进行审评。

3）汤色

汤色指茶叶中的各种色素溶解于沸水而反映出来的茶汤色泽。为了避免汤色在审评过程中色泽的变化，审评过程中要先看汤色或闻香与观色结合进行。审评汤色主要看色度、亮度、清浊度三个方面。

4）滋味

茶叶的滋味涉及纯异、浓淡、醇涩、爽钝、新陈等多个方面。

2.4.3 六大类茶辨识实训活动组织

（1）实训安排

通过辨认六大类茶项目实训，学生辨识六大类茶及其主要品质特征。

（2）实训地点及器具

①地点：能进行茶叶品鉴的茶艺实训室。

②器具：盖碗、公道杯、品茗杯、随手泡、水盂、茶叶、茶匙、汤匙、茶巾、茶称、叶底盘。

（3）实训时间

2课时。

（4）实训要求

①掌握六大类的品质特点。

②能辨识六大类茶的特征。

③能掌握基本的泡茶方法。

（5）实训方法及步骤

①教师讲解六大类茶的品质特征并示范品鉴茶叶的基本方法与流程。

②学生分组练习品鉴六大类茶代表，并填写出辨识茶叶方法表中的内容。

③分组考核学生对六大茶样代表的辨识情况。

④学生课后总结课上重点知识并填写实训报告。

辨识茶叶的操作方法：

①先观察茶样盘中对应茶样的外形特点，如色泽、明亮程度、形状特点等。

②品鉴每一类茶样时，先闻茶香，记录茶叶的主要香气。

③观看茶汤色泽，然后细品茶汤滋味。

④留意冲泡叶叶底的色泽和软硬情况等。

将以上主要情况总结后分别记录到表2.1中。

表2.1 辨识茶叶的方法表

茶叶名茶	外形	香气	滋味	汤色	叶底	茶类
茶样1						
茶样2						
茶样3						
茶样4						
茶样5						
茶样6						

课后思与练

1.茶的主要营养成分是什么？

2.六大类茶的加工及品质特征有哪些？

3.中国有哪些名茶？为什么名山产名茶？

4.你的家乡有哪些名茶？请简介其中一款。

Project Two

Identifying the Tea

六大类茶辨识实训活动组织
Training Task for Identifying Six Kinds of Tea

（1）实训安排（Training Arrangement）

学生通过项目实训，辨识六大类茶及其主要品质特征。

Students learn to identify six kinds of tea and understand their main characteristics through this training.

（2）实训地点及器具（Training Places and Utensils）

①地点：能进行茶叶品鉴的茶艺实训室。

Place: tea ceremony training rooms for tea appreciation.

②器具：盖碗、透明公道杯、品茗杯、透明玻璃杯、随手泡、水盂、茶样代表（西湖龙井、英红九号、白牡丹、云南普洱、君山银针、铁观音）、茶匙、茶巾、电子秤、茶荷、茶样盘。

Utensil: Gaiwan (tea bowl with a lid), transparent fair mug, tea tasting cup, transparent glass, electric kettle, slop basin, representative tea samples (West Lake Longjing, Yingde Black Tea No. 9, White Peony, Yunnan Pu'er, Junshan Silver Needle, Tieguanyin), tea spoon, tea towel, electronic scale, tea holder, tea board for tea samples.

（3）实训时间（Training Time）

2 课时。

2 periods.

（4）实训要求（Training Requirements）

①掌握六大类的品质特点。

Grasp the features of the six kinds of tea.

②能辨识六大类代表茶样的主要特征。

Be able to identify the main characteristics of the six representative tea samples.

③能掌握基本的泡茶方法。

Master the basic skills of making tea.

（5）实训方法及步骤（Training Methods and Steps）

①教师讲解六大类茶叶的品质特点，并示范辨茶识茶的品鉴方法与流程。

The teacher explains the features of the six kinds of tea, and demonstrates the methods and processes of identifying the tea.

②学生分组练习品鉴六大类茶样代表，并填写辨识茶叶方法表中的内容。

Students are grouped to practice how to identify the six kinds of representative tea samples, and fill in the forms concerning ways of tea identification.

③分组考核学生对六大类茶样代表的辨识情况。

Assess students' identification of the six representative tea samples in groups.

④学生课后总结课上重点知识并填写实训报告。

Students summarize the key knowledge and complete training reports after class.

（6）品鉴六大类茶样的操作流程（Process of Identifying the 6 Kinds of Tea Samples）

①备具备茶，每组分别备有六个盖碗，六个透明公道杯，六个装有六大类代表的茶荷，品茗杯若干、水盂一个、茶巾一条。六个茶样盘装有六种茶样。

Prepare utensils and dry tea for each group: six Gaiwans, six transparent fair mugs, six tea holders separately filled with six samples of dry tea, several tea tasting cups, one slop basin, one tea towel, six tea boards with one tea sample in each board.

②温具，用沸水温盖碗、玻璃杯、公道杯。

Warm up the utensils. Pour boiling water to preheat the Gaiwans, glasses, and fair mugs.

③将相应的茶样倒入盖碗，注入热水。

Put different samples of the dry tea into separate Gaiwan and pour boiling water into each bowl.

④出汤，分别冲泡两次的茶汤注入公道杯。

Brew each tea sample twice and pour all the tea soup into the corresponding fair mugs.

⑤学生先观看茶样盘中代表茶样的外形及色泽，再闻盖碗及茶汤的香气，随后观赏及比较茶样对应的茶汤色泽，最后品鉴六大类茶的茶汤滋味，并记录每种茶的外形、香气、汤色、滋味等相关内容。

Students first observe the shape and color of the dry tea samples on the tea boards. Then smell the aroma of the tea soup in each Gaiwan. Afterwards, students observe and compare the color of different tea soup with the corresponding tea sample. Then eventually savor the taste of each tea soup. Take notes about the shape, aroma, color and taste of each kind of tea.

学习项目3

冲泡基础技法

知识目标

1.了解茶叶冲泡的基本要素。

2.了解茶叶的选购标准与方法。

3.了解水对茶汤品质的影响。

4.了解不同茶具的特征及选配方法。

5.了解泡茶的正确冲泡方法。

技能目标

1.能辨别不同的茶类属性特点并选择相应的冲泡方法。

2.掌握用水的分类及特点并会选择合适的泡茶用水。

3.掌握茶具的分类和特点并能选配合适的茶具泡茶。

4.能将冲泡手法灵活运用在实际的泡茶过程中。

德育目标

通过了解水对茶汤品质的影响，了解中国古人择水观点及中国名泉名水众多相关知识，感知祖国地大物博、人杰地灵，树立民族自豪感。在茶具欣赏及泡茶选具方面，培养学生的审美能力，弘扬和传承中国茶文化美学。

任务引入

中国茶拥有悠久的历史和深厚的文化底蕴。品一杯好茶，不仅能使人心旷神怡，还能给身心带来宁静与健康。然而，想要喝一杯好茶，关键在于掌握正确的冲泡方法。这看似简单的泡茶之事，实际上也是讲究科学方法的。那么我们应该先从哪些方面开始学习和实践呢?

任务1　选茶有道

泡一杯好茶，离不开对茶叶的原料等级、品质特征等的综合了解。喝茶容易，选购好茶却并不容易。中国茶品种丰富，每种茶叶都有各自的特色，根据不同的茶叶品鉴方法也有所不同。六大类茶叶都可以通过对茶叶的干茶外形、香气、汤色、滋味、叶底五个方面综合进行品鉴。选好茶叶，其实还包括茶叶产地、生产时间、质量安全和科学的存储方式等，只有通过多方面的了解才能有助于掌握泡好一杯茶。

3.1.1　茶颜观色闻香品味

（1）赏其形

选购茶叶，首先要看外形情况。外形匀整、断碎较少的为好。茶叶的叶片形状是否有品种茶特定的外形特征，如有的像银针、有的像瓜子、有的像圆珠、有的像雀舌，全国名优茶类都有各自独特的外形特征和品质特点。从外形了解茶叶先是看干茶，通过茶叶的条索、色泽、嫩度、净度和整碎度进行评鉴。如茶叶叶片形状完整、匀整度好，色泽一致，光泽明亮，油润鲜活，一般都为品质较好的茶叶。嫩度情况可以从有无锋苗和茸毛鉴别。并且干茶还需要关注茶叶的干燥程度，看茶叶干燥是否良好，可以用手指轻捏，会碎的茶叶干燥程度良好，如用力捏茶叶不易碎的，说明茶叶已经受潮回软，茶叶也会因回潮或含水量高而影响品质。茶叶包装前的含水量必须控制在5%~6%。当含水量达7%以上，则会影响茶叶的品质及新鲜风味。图3.1为显毫茶，图3.2为扁平茶，图3.3为条形茶。

图3.1　显毫茶

图3.2　扁平茶

图3.3　条形茶

（2）观其色

茶汤变化多样，是茶叶色泽中最美的一种展示。各种茶叶的茶汤各有不同，一般好茶的茶汤特征明显，光泽明亮，茶汤因发酵程度、加工技术、茶树品种、原料嫩度等呈现不同的汤色。品质好的茶茶汤明亮清澈，没有杂质和沉淀物产生，汤色不会混浊发暗；但是判断的时候也需要排除茶毫等因素的干扰。审评时茶汤的比较如图3.4所示。

图3.4 审评时茶汤的比较

(3) 闻其香

茶香是茶叶的灵魂，每一款茶叶，都有其特征性香味。如绿茶的清香嫩香、红茶的甜香或果香、乌龙茶丰富的花香、黄茶的甜香、普洱茶的陈香等。一是选购茶叶的时候，可以选择闻一闻干茶的茶香，辨别茶叶香气是否纯正，有无异味。二是在冲泡的时候，可以使用三闻的方法，采用热闻、温闻、冷闻来品评茶叶香气的浓淡和纯正，纯正则是没有异杂的味道。热闻一般在70 ℃左右。通过热闻可以辨识香气的特点，主要了解茶香是否有异杂味，如焦味、霉味、酸味、闷味等，这些味道表示茶叶并非上等的茶叶，温闻一般在45～50 ℃，温闻主要是辨别茶香的主要类型和品质的高低，如豆香、兰花香、焦糖香等。冷闻是在茶器中等茶汤温度降低后，通过闻嗅茶盖或杯底的留香，了解茶香的持久程度。品质优的茶叶，茶汤冷后依然散发幽雅香气，持久清爽不混杂。如武夷山岩茶，独特的花果香在冷闻后香气仍然明显。

(4) 尝其味

尝滋味一般在看完汤色及温嗅后进行，茶汤的温度在50 ℃左右比较适宜。尝滋味就是品评茶汤的特点，如浓淡、鲜爽、醇厚、甜或涩等。茶有千味，适口者珍。茶叶种类不同，各自的口感也不相同，因此品评的标准也不相同。比如绿茶茶汤鲜爽，初尝略涩，后转为甘甜；红茶茶汤甜醇，回味无穷。一般品味茶汤的方法是让茶汤在口腔中停顿1～2秒；因为舌头各个部位对滋味的感觉不一样，让茶汤先后在舌尖两侧和舌根滚动，细细体会、感受茶中的香气和滋味。舌根回味茶汤的甘甜，齿颊回味茶汤的香味，喉底感受茶味的畅快与回甘。一般而言，茶汤苦涩少，喝后甘滑醇厚、能口齿留香为好茶，如喝后苦涩味重、陈旧味或焦火味重者则为次品。

(5) 评叶底

叶底（茶渣）也是评审茶叶的品质的因素之一，建议品饮完的茶叶不要马上倒掉；

可以从叶底了解茶叶的嫩度、均匀度、色泽、净度等。叶底的形状以整齐为佳，碎叶多为次品。用手指捏茶叶底，一般以有弹性和厚度者为佳，表示茶青幼嫩，制作得宜；品质较好的茶叶底鲜活。如果是老茶青或陈茶茶叶则脉凸显，触感较生硬。此外，新茶叶颜色新鲜明亮，陈旧茶叶叶底多呈黄褐色或暗褐色。图3.5为龙井茶叶底。

图3.5 龙井茶叶底

3.1.2 选购茶叶的方法与相关知识

(1)注意茶叶的质量及安全

因为选茶叶买适合自己口味固然重要，但更重要的是关注茶叶的安全问题，所以，喝茶买茶首先应该考虑的是茶叶质量和安全。如何保证茶叶的安全？茶叶属于特殊的食品，购买茶叶的时候，首先，必须了解包装上面的QS标志，或者相关食品机构认证，目前市场上很多品牌茶叶都有地方标志保护。购买茶叶时，包装上无生产日期、无质量检验合格证明、无生产厂名和厂址的请勿购买，“茶小白”买茶应尽量避开“三无”产品的茶叶，不买散茶或者来路不明的茶叶，除非对这款茶叶已有充分了解。其次，除QS认证外，茶叶包装的绿色食品标志或者无公害认证、原产地认证、有机茶（食品）认证标志等认证也都是茶叶质量及安全的保障。因此，建议购买茶叶时选择实体店购买茶叶，尽量在已购买过的同一家店买茶，或者购买有一定声誉的品牌。

(2)学会辨别春茶和秋茶

我国的产茶量大，茶区分布广泛，采摘季节一般分为春夏秋冬，不同地区所产的茶都有不同的采摘规则。大部分地区茶叶采摘分有春茶、夏茶和秋茶。常言道，春鲜夏涩秋香。按照滋味划分品级，一般以春茶质量最好，所以一般消费者喜欢在春季将一年所需茶叶购进，供全年品饮，而春茶的价格也相对其他季节的茶贵。其实消费者存在一定的盲区，每个季节的茶品有着不同的特点风格：春茶的水质更好；夏茶的季节比较短，喝起来会有苦涩感；秋茶的香气更佳，所以不能笼统地说哪个季节的好。图3.6为春天茶芽，图3.7为秋天茶叶。

图3.6　春天茶芽

图3.7　秋天茶叶

(3)了解新茶与陈茶的区别

在冲泡或购买茶叶的过程中，还需对新旧茶有一定的认知。很多新茶友们由于经验尚浅，在购买中会不清楚如何区别，从而影响了茶叶冲泡时的质量。

①新茶。新茶期为1年左右，1年之内的茶通常都属于新茶。像绿茶等不发酵茶，往往以新茶为上。但是刚刚制成的绿茶，因为凉性较大，并不适合多饮，要陈放一段时间。

②陈茶。陈茶期为3年以上，一般而言，3年以上属长期陈放，多用于黑茶类的后发酵茶，目的在于改变茶叶的风格，使之产生老茶的风味。

(4)了解明前茶和雨前茶

一些茶农在清明节前就开始采茶，清明前采摘的茶被称为明前茶。明前茶是针对江南茶区清明节前采摘、制作的春茶的称号，同时，也是针对绿茶及少量红茶而言的，而对于铁观音、大红袍、普洱等茶叶是不存在“明前茶”和“雨前茶”的说法的。雨前茶是指江南茶区清明后、谷雨前采的茶叶。

(5)了解高山茶、平地茶、古树茶

高山茶通常指海拔800米以上的山区的茶叶，高山茶由于环境适合茶树喜温、喜湿、耐阴的习性，素有“高山出好茶”的说法。

平地茶是指产自平原或者低海拔地区的茶叶。平地茶是对于高山茶而言的。平地茶芽叶较小，叶底坚薄，叶张平展，叶色黄绿欠光润。加工后的茶叶条索较细瘦，身骨较轻，香气稍低，滋味较淡。

古树茶又名大树茶，通常是指从存活百年以上的乔木型茶树上采摘的茶。这种茶树仅分布在云南省的少数几个茶区，如云南版纳茶区、临沧茶区、普洱茶区、老挝北部丰沙里省有古树群落，数量稀少。

表3.1展示了高山茶、平地茶以及古树茶的主要特点。

表3.1　高山茶、平地茶、古树茶的主要特点

高山茶	海拔高度在800米以上的地区，芽叶肥硕、颜色绿、茸毛多。加工后茶叶条索紧结、肥硕、白毫显露、香气馥郁、耐冲泡
平地茶	芽叶较小、叶底坚薄、叶张平展、叶色黄绿欠光润。加工之后茶叶条索较细瘦、骨身轻、香气低、滋味淡
古树茶	由于存世较少，其内质丰富，更能体现其独特的魅力。古树茶树高可达10米，叶子相对比台地茶壮硕，叶面革质感明显，叶脉清晰，叶边呈齿状且无规律，叶背毛少。其茶香深沉而厚重，在口腔中停留时间长。在滋味上，带有丰富的口感，苦强涩弱

（6）茶叶的性价比

茶叶是否越贵越好？茶叶品质的好坏和价格没有必然的联系。一般情况下，对于同一种茶叶，价格越贵的，品质和等级相对越高。每年茶叶价格总体受市场供求关系的影响，此外，人为的商业炒作、成本等因素也会影响茶叶的价格。选择茶叶的标准更重要的是根据自己的经济能力和个人口味，正所谓“茶有千味，适口者珍”。因此，不能完全依据茶叶价格的高低来评判茶叶品质的优劣。

（7）茶叶的储存方法

新买的茶叶，最好尽快装入茶叶罐里。但在装茶叶前先要去除罐中的异味。可以将少许茶放入罐里摇晃，或者将铁罐用火烘烤一下，再将茶叶放入罐中，最好把茶叶的包装袋也一起放入。如果是名优绿茶、铁观音、白毫银针等品类的茶叶，为了保持茶叶的新鲜和鲜爽口感，建议及时放入冰箱冷藏。注意冰箱冷藏柜里不要放入其他有味道的物品，以免茶叶串味。如果条件允许，那么可以购买专门存放茶叶的冷藏冰箱。其他茶叶的储存方法应注意密封、低温、低湿、低氧、避光、无异味，放置在干燥的地方，妥善保存以免茶叶受潮变味。

选购茶叶的方法

任务2　择水泡茶

“茶滋于水，水藉乎器。”也就是说，要泡一杯好茶，仅有名茶、美器是不够的，还需要有好水。茶与水的关系是相得益彰的，有水才有具有品饮意义的茶，离开了水，茶叶根本显示不出它的作用和价值。正所谓“水为茶之母，器为茶之父”。

3.2.1 茶与水

中国茶文化中的“宜茶好水”是精茶之母。古往今来，论及品茗，则茶与水总是被相提并论。水是茶叶滋味和其有益成分的载体，茶的色、香、味和各种营养保健物质，都溶于水中，水能直接影响茶质。水质不好，就不能完美地反映出茶叶的色、香、味，尤其对茶汤的滋味和色泽影响很大。“龙井茶”“虎跑泉水”被称为杭州“双绝”。明末清初张大复在《梅花草堂笔谈》中记载：“茶性必发于水，八分之茶，遇十分之水，茶亦十分矣；八分之水，试十分之茶，茶只八分耳。”陆羽也在《茶经》中有对水的阐述：“其水，用山水上，江水中，井水下。”并且强调取山中泉水。“蒙顶山上茶，扬子江中水。”因此，好茶须配以好水。水的选择，依次是“山上水（泉水）、江河水、井下水”。可见，用什么样的水泡茶，以及用什么样的茶器冲泡，对茶性的效果具有十分重要的作用。

（1）品茗与择水

古人对泡茶用水的选择，大致上以水质和水味两大要素为标准。一是水要甘而冽，赵佶在《大观茶论》中指出：“水以清轻甘洁为美。”水甘是指水含于口中有甜感，不苦不咸。二是水要活、清而轻。唐庚的《斗茶记》中记载：“水不问江井，要之贵活。”苏东坡曾说：“活水还须活火烹”。古人对水的研究已经相当深入，可见水对茶的重要性。

水是茶叶滋味和内含有益成分的载体，茶的色、香、味和各种营养保健物质，都溶于水中，水能直接影响茶质。水质不好，就不能完美地反映出茶叶的色、香、味，尤其对茶汤的滋味和色泽影响很大。现在生活中泡茶用水主要有三种水源，即自来水、矿泉水、纯净水，三者在口感上各有不同。自来水硬度可能偏大、水中可能还会含有用于消毒残留下来的氯气，对茶汤的滋味、香气都有一定的影响，不是泡茶的首选。如果要泡茶，建议对自来水使用净水器，有助于改善口感。矿泉水清、轻、活、甘、冽、柔，能给茶汤锦上添花，但由于其中的一些金属离子物质会与茶中成分络合，在选择矿泉水时应选择硬度低的。纯净水是通过反渗透、离子交换、蒸馏等工艺制备出来的，去除了绝大多数杂质。如选纯净水泡茶，对茶汤的品质无增无减，但能表现出茶汤的真味。

（2）不同类型用水对茶汤品质的影响

1）水对茶汤滋味的影响

一般情况下，纯净水冲泡的茶汤具有茶叶原汁原味的滋味品质风格，随着水中矿物质元素总量提高，冲泡的茶汤滋味苦、涩、鲜度以及纯正度等都会降低，而醇和度会增加。

2）水对茶汤香气的影响

一般情况下，纯净水冲泡的茶汤具有茶叶原汁原味的香气和品质风格。随着水中矿物质元素总量的提高，茶汤香气的浓郁度会逐渐提高，但香气的纯正度会明显下降。特别是用矿化度、硬度或pH值（酸碱度标准）过高的水泡茶时，香气的失真度会非常大，甚至导致异味的出现。

3）水对茶汤色泽的影响

一般情况下，纯净水冲泡的茶汤具有茶叶原有的色泽品质，随着水中矿物质元素总量的提高，茶汤颜色总体会加深、变暗。特别是用矿化度、硬度或pH值过高的水冲泡茶汤时，茶汤色泽甚至会出现暗紫色的现象。

图3.8为不同类型的水冲泡绿茶茶汤试验。

图3.8　不同类型的水冲泡绿茶茶汤试验

3.2.2　影响泡茶用水的因素

因为环境的影响，自然界水源中会溶入大量的无机化合物，这些无机化合物不仅会影响水的酸碱度和矿化度等水质特性，也同时会影响水质的咸味、涩味、酸味和鲜味、甜味等风味品质。

（1）水的软硬度

通常水按其中含有的物质分为“软水”和“硬水”两种。软水是指天然水中的雨水和雪水，硬水是指泉水、江河之水、溪水、自来水和一些地下水。水的软硬之分是看其中是否含有钙、镁离子，含碳酸氢钙和碳酸氢镁较多的水为硬水，反之为软水，具体标准以钙、镁等离子含量超过 8毫克/升的水为硬水，少于 8毫克/升的为软水。通常1升水中含有1毫克碳酸钙称为硬度1度。硬度在0～10度为软水，10度以上为硬水。通常泡茶用水的总硬度不超过25度。水的软硬度会影响茶叶有效成分的溶解度。硬水中含有较多的钙镁离子和矿物质，茶叶有效成分的溶解度低，茶味淡；而软水中含有固体溶解量低，茶叶中有效成分的溶解度高，因此，茶味浓。

（2）矿质元素

矿质元素有利于人体健康，是人体所必需的微量元素。但对泡茶用水来说，水中矿质元素含量并非越多越好。茶叶在浸泡时会有多种离子浸出，如钾离子、钙离子、镁离子、锰离子和铝离子以及其他金属离子。当含量和浸出量超标时，这些离子对茶汤的品质就会有显著的影响。

（3）水的pH值

茶汤色对pH值高低很敏感，水质呈微酸性，茶汤色透明度好；若水质趋于微碱性，会促进茶多酚产生不可逆的自动氧化，形成大量的茶红素盐，致使茶汤色泽趋暗，滋味变钝，失去鲜爽感。

水的pH值即水中氢离子的总数和总物质的量的比。饮用水的pH值应该不小于6.5且不大于8.5。pH值等于7时，水为中性水，pH值小于7偏酸性，pH值大于7呈碱性。pH值对茶汤汤色、滋味和香气有影响。最佳的水质特性为pH值≤7。

（4）其他因素

嫩水：未沸滚的水。

老水：沸腾过久的水。

天水：雨水、雪水、冰雹水。

地下水：山泉、江、河、湖、海、井等水。

3.2.3 水的分类

水的分类主要有泉水，江、河、湖水，井水，自来水等。

（1）泉水

泉水为上选，但并非所有泉水都好，硫磺泉水不能饮用。

（2）江、河、湖水

江水与河水一般不是理想的泡茶用水，江、河之水选用远离人们居住的上游水，湖水选用流动的活水。

（3）井水

深井水比浅井水好，经常有人打水饮用的井好，农村井水比城市井水好。

（4）自来水

用自来水泡茶，须静置一夜或者使用过滤器过滤后才可以使用。选择泡茶用水应以悬浮物含量低、不含有肉眼所能看到的悬浮微粒、总硬度不超过25度、pH值6.5左右以及盐碱地区的地表水为好。泡茶用水的pH值以6～7为宜，即水质以中性或微酸性为好。应选择透明度好、无异味的水。

不同类型水对绿茶茶汤的影响如图3.9所示，不同类型水对红茶茶汤的影响如图3.10所示。

图3.9　不同类型水对绿茶茶汤的影响

图3.10　不同类型水对红茶茶汤的影响

3.2.4　泡茶用水的选用

水是泡茶过程中的一种茶汤品质修饰因子，有的水能让茶“原汁原味”，有的可以对茶“适当修饰”，更好地发挥某类茶的品质特征或风格特点；也有的会使茶“过度修饰”，造成原有品质的改变甚至完全变化。所以，泡茶用水的选择极为重要。

（1）常见几种泡茶饮用水的情况

纯净水、蒸馏水的特点是能体现茶叶原有的风味，这种水适合各种茶类；低矿化度天然泉水，其特点是可以适当放大或修饰茶汤，而且不同水质类型影响也不同，这种水基本能适合各类茶。高矿化度天然泉水或天然矿泉水，特点是可以较大修饰和改变茶汤风格，这种水适合黑茶等部分醇和度要求高的茶类。

中国
五大名泉

（2）遵循配水的基本原则

不同茶叶和不同需求的人对水的选择也是不同的，可以根据基本原则进行选用。在符合基本水质指标要求的前提下，泡茶用水一般应达到

“三低”，即低矿化度、低硬度、低碱度。如包装水中的纯净水和蒸馏水基本不存在杂质，所以，对于一般消费者而言，选择纯净水、蒸馏水和低矿化度的天然（泉）水泡茶是最佳的选择。

任务3　选用茶具

泡好一杯茶除了用水，还需要讲究茶具，泡茶的器皿品种繁多，举不胜举。茶具，又称茶器。中国是茶具的发源地之一。广义的茶具泛指与饮茶相关的各种器具。喝茶要用茶具，茶艺更需要使用精美的茶具。中国的茶具种类繁多、造型精美，既有实用价值，又有艺术价值。狭义的茶具主要是指茶壶、茶杯、茶碗、茶盏、茶托、茶盘等饮茶用具。不同的茶叶要通过不同的茶具体现其茶汤品质的好坏，充分反映出茶汤的滋味、香气和色泽，正如古人所云：“器为茶之父”，所以选对茶具对于保证茶的品质十分重要。

3.3.1　茶具的起源与发展

其实原始社会没有专用茶具。最初的茶具是陶器，且一具多用。从良渚文化时期的陶器到战国时期的陶罐，人们看到的只是茶具的雏形，仅用于盛水、饮水。“茶具”一词最早出现于西汉。西汉宣帝神爵三年（公元前59年），辞赋家王褒在《僮约》中写有“武都买荼（茶）”和“烹荼（茶）尽具”。虽然文中关于饮茶的“具”的材质、形状的描写不详，但可以确定当时烹茶已有饮用之具。魏晋以后，清谈之风渐盛，饮茶被视为一种高雅的精神享受和表达志向的手段，民间的饮茶之风逐渐兴盛。随着人们对茶叶功效的认识，以及茶事、茶艺逐步普及，茶具逐渐成为饮茶的先导，开始从生活用具中独立出来，与饮茶密不可分。晋代开始生产并使用考究的茶具。

3.3.2　茶具的分类

茶具是茶文化和茶艺发展过程中一项重要的物质艺术载体。在茶的品饮过程中，人们不仅注重茶叶的色、香、形、味和品茶时的心态、环境、茶友，更讲究优选喜爱的茶具，以增加品茶时的美感。目前，在我们身边最常见泡茶的茶具主要有玻璃杯或壶，包括紫砂壶、陶瓷壶、盖碗等，茶具的材质和品种也非常多样，茶具这方面的知识其实可以归类为一门工艺专业课程，在本书中只作简单的介绍。

（1）玻璃、搪瓷茶具

①玻璃茶具。玻璃茶具古时又称琉璃茶具。玻璃茶具最大的特点就是质地透明，光泽夺目，可塑性大，造型多样，且因大批生产，价格低廉，深受广大消费者喜欢。玻

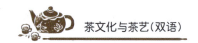

璃杯（壶）在生活中非常常见，大部分绿茶都适合用玻璃杯泡法，前文讲述的十大名茶中，绿茶都是选择玻璃杯泡法的，使用玻璃杯冲泡可以更好地展示茶的特性，并能欣赏到茶形态之美，其他茶类如名优黄芽茶和白毫银针也适合用玻璃杯的泡法。图3.11为玻璃盖碗，图3.12为玻璃茶具。

图3.11　玻璃盖碗

图3.12　玻璃茶具

②搪瓷茶具。搪瓷茶具以坚固耐用、图案清新、轻便耐腐蚀而著称。但搪瓷茶具传热快，易烫手，放在茶几上，会烫坏桌面，加上“身价”较低，使用时受到一定限制，一般不作待客之用。

（2）瓷器茶具

我国生产的瓷器精美绝伦。瓷器是在陶器的基础上发展起来的。自唐代起，随着我国的饮茶之风大盛，茶具生产获得了飞跃发展。唐、宋、元、明、清代相继涌现了一大批生产茶具的著名窑厂，其制品精品辈出，所产瓷器茶具有青瓷茶具、白瓷茶具、黑瓷茶具和彩瓷茶具等。瓷器皿外表光洁，并且耐酸、耐碱，最能看出茶汤的色泽，瓷盖碗（壶）适合冲泡各种茶类，是最理想的泡茶选择。绿茶、红茶、黄茶、乌龙茶、黑茶、白茶皆适合冲泡。不同茶叶在瓷器中展示得尽善尽美。特别是白瓷茶具最为普遍，白瓷茶具造型精美，洁白如玉，适宜各类茶叶，冲泡效果尽善尽美。下面展示使用白瓷冲泡茶叶更显茶与茶汤之美的图片（图3.13—图3.16）。

图3.13　武夷山岩茶

图3.14　四川竹叶青

图3.15　武夷山岩茶茶汤

图3.16　福鼎老白茶茶汤

（3）陶土、紫砂茶具

人类最早使用的器皿之一是陶器，各地有很多种陶器。如广东的石湾陶、山东的博山陶、安徽的阜阳陶、宜兴的紫砂陶等。这些器皿都是由泥土制作成的坯体，经过烧制成为成品，统称为陶器。陶器使用陶土制作，其烧成温度比瓷器低。陶土器具是新石器时代的重要发明，最初是粗糙的土陶，然后逐步演变为坚实的硬陶，再发展成表面敷釉的釉陶。这表明人们对制陶技术的掌握也由初级发展到高级。陶器的造型通常比较古朴粗犷，颜色较深，器表略粗糙、胎厚，气孔多，传热慢，保温性能好。较瓷器而言，陶器更能凸显茶的韵味，适合冲泡黑茶、老茶等，也适合煮茶和煮水。

陶土茶具的代表是紫砂茶具。在茶具方面，江苏宜兴丁蜀镇的紫砂陶最负盛名。它的陶土非常适合茶性，色泽丰富，是世界公认质地最好的茶具原料之一。紫砂矿土由紫泥、绿泥和红泥三种基本泥构成，统称为紫砂泥，因产自江苏宜兴，又称为宜兴紫砂。紫砂壶（图3.17）具有特殊的双气孔结构，能吸收茶的香、色、味，故茶界有“一壶不侍二茶”之说。紫砂壶的胎多有细气孔，烧制温度比一般陶器高，因其吸附性佳，长时间使用可令泥色加深，尤显润泽。紫砂陶器品质最佳，能耐高温、保持茶香，适合冲泡红茶、乌龙茶、黑茶。然而，紫砂壶虽好，但因其价格比较昂贵，市场上的紫砂壶有些也是鱼目混珠，所以并不是所有人都能使用到真正的紫砂壶进行冲泡。

图3.17　紫砂壶

（4）金属茶具

金属用具是指由金、铜、铁、锡等金属材料制作而成的器具，是我国最古老的日用器具之一。从宋代开始，古人对金属茶具褒贬不一。元代以后，特别是从明代开始，随着茶类的创新、饮茶方法的改变，以及陶瓷茶具的兴起，使金属茶具逐渐消失。图3.18为银质茶具。

图3.18 银质茶具

（5）漆器、竹木茶具

①漆器茶具历史十分悠久，在长沙马王堆西汉王墓出土的器物中就有漆器。

②竹木茶具是利用天然竹木砍削而成的器皿。隋唐以前，我国饮茶虽渐次推广开来，但属粗放饮茶。当时的茶具，除陶瓷器外，民间多用竹木制作而成。

3.3.3 泡茶用具及用法

（1）茶盘

用途：放置茶具和盛接废水。

使用方法及注意事项：

①用茶盘盛装茶具时，茶具摆放整齐。

②茶盘常被用来盛接倒出的茶汤或废水，用完后最好不要让废水长时间停留在茶盘内，应及时将其清理并擦拭干净，茶盘如图3.19所示。

图3.19 茶盘

（2）随手泡

用途：用来烧水的用具，即热水壶。

使用方法及注意事项：

①随手泡用来冲泡茶叶。

②随手泡用来温壶、洁具。

③泡茶过程中，壶嘴不要对着客人。图3.20为随手泡（水壶）。

（3）茶叶罐

用途：存放茶叶。

使用方法及注意事项：取完茶叶后立即密封茶叶罐（图3.21），以减少茶叶吸潮或者走味。

图3.20　随手泡（水壶）

图3.21　茶叶罐

（4）茶壶

用途：泡茶。

使用方法及注意事项：

①在泡茶或给客人斟茶时，壶嘴不能对着客人，应该朝向自己。

②用茶壶（图3.22）倾倒茶汤时，要用手指扶住壶盖，以免壶倾倒时，壶盖跌落。

（5）盖碗

用途：泡茶，也可以当品茗杯使用。

使用方法及注意事项：

①用盖碗品茶时，碗盖、碗身、碗托三者不应分开使用，否则既不礼貌也不美观。

②用盖碗品茶时，揭开碗盖，先嗅盖香，再闻茶香。图3.23为白瓷盖碗。

图3.22　茶壶（紫砂壶）

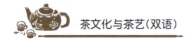

图3.23　白瓷盖碗

（6）品茗杯

用途：品茶、赏茶。

使用方法及注意事项：

①男士拿品茗杯（图3.24）时，手要收拢。

图3.24　品茗杯

②女士拿品茗杯时可轻翘兰花指，显得仪态优雅、端庄。

（7）闻香杯

用途：嗅杯底留香的器具，搭配品茗杯一起使用。一般是品尝乌龙茶的茶香时使用。

使用方法及注意事项：

①闻香杯一般和品茗杯、杯托搭配使用，如图3.25所示。

②使用闻香杯（图3.26）时，要将杯口朝上，双手掌心夹住闻香杯，靠近鼻孔，轻轻搓动闻香杯使之旋转，边搓动边闻香。

图3.25　双杯冲泡乌龙茶茶具

图3.26　闻香杯

（8）公道杯（茶海）

用途：盛放泡好的茶汤，均匀茶汤后分茶道品茗杯中。

使用方法及注意事项：

①泡好的茶汤倒入公道杯后，要随时分饮，避免因放置时间久而使茶汤变凉。

②在用公道杯（图3.27）给品茗杯分茶时，应斟倒七分满为好。

（9）过滤网和过滤架

用途：过滤网（图3.28）是用来过滤茶渣的，过滤架是用来放置过滤网的。

使用方法及注意事项：

①过滤网用来过滤茶渣，用时可以放在公道杯的杯口，并注意过滤网的“柄”要与公道杯的“柄耳”平行。

②泡茶时，过滤网不用的时候及时放置回过滤架上。

图3.27　公道杯（茶盅）

图3.28　过滤网

（10）杯垫

用途：放置闻香杯或品茗杯，也可称为茶托。

使用方法及注意事项：

①杯垫（图3.29）用来放置闻香杯与品茗杯。

②使用杯垫给客人奉茶，既卫生又防烫。

③使用后的杯垫要及时清洗，如果是竹子或木质的材料，使用后要晾干。

（11）盖置

用途：在泡茶过程中放置壶盖的器具（图3.30）。

使用方法：用于放置壶碗的盖子或茶壶的壶盖，以示清洁。

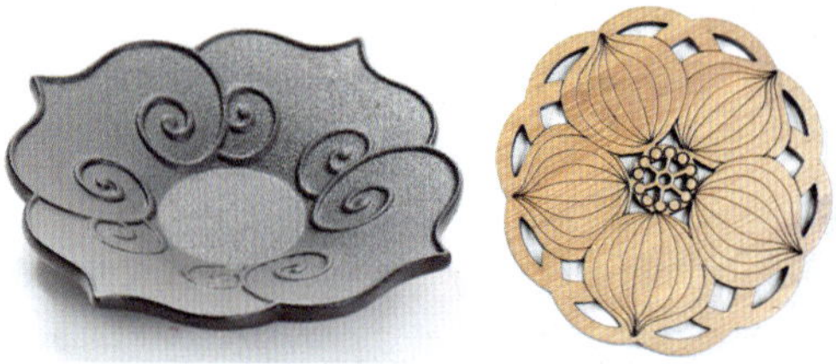

图3.29　杯垫

图3.30　盖置

（12）茶荷

用途：在茶艺表演中让客人鉴赏干茶。

使用注意事项：用茶荷（图3.31）取放茶叶时，手不要碰到缺口部位，以示茶叶洁净卫生。

图3.31　茶荷

图3.32　茶盂（水盂）

（13）茶盂

用途：盛接温壶、温杯、醒茶后的废水和茶渣等（图3.32）。

使用注意事项：茶盂容积小，倒水时尽量轻、慢，以免废水溢溅到茶桌上，并及时清理废水。

（14）茶道六君子

茶道六君子为茶则、茶匙、茶漏、茶针、茶夹、茶筒等泡茶工具的合成。

茶筒为盛放茶艺用品的器皿。茶则又称（茶勺）为盛茶入壶之用，衡量茶叶用量，确保投茶适量。茶漏则于置茶时放在壶口上，以导茶入壶，防止茶叶掉落壶外。茶匙又称茶拨、茶扒，是一种细长的小把子，其主要用途是挖取泡过的茶，倒入壶内。茶夹又称茶筷，其功用与茶勺相同，可将茶渣从壶中夹出；也常有人拿它来挟着茶杯洗杯，防烫又卫生。茶针（茶通）用来疏通茶壶的内网，以保持水流畅通，当壶嘴被茶叶堵住时用来疏浚，或放入茶叶后把茶叶拨匀，碎茶在底，整茶在上。

茶道六君子如图3.33所示。

（15）普洱茶茶针

用途：用来撬取紧压茶的茶叶。

使用方法及注意事项：

①先将普洱茶茶针（图3.34）横插进茶饼中，再用力慢慢向上撬起，用拇指按住撬起的茶叶取茶。

②紧压茶一般比较紧硬，撬取的时候要小心，避免被茶针伤到手。

图3.33 茶道六君子

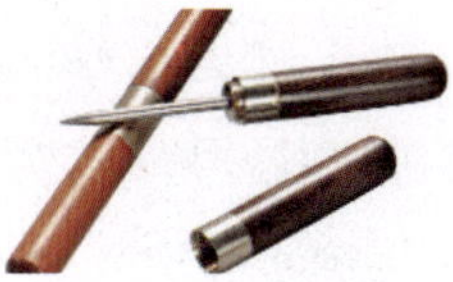

图3.34 普洱茶茶针

图3.35 壶承

图3.36 养壶笔

（16）壶承

用途：承放茶壶，承接温壶泡茶的废水，避免水湿桌面的器具，一般使用干泡法的时候需要使用壶承（图3.35）代替茶盘，主要用来避免主泡器上流出的水沾湿席布。

（17）养壶笔

用途：刷洗、保养茶壶的外壁，以及清洗和养护茶宠。

使用注意事项：

①用养壶笔（图3.36）将茶汤均匀刷在壶的外壁，让壶的外壁油润、光亮。

②可用养壶笔来养护茶桌上的茶宠。

③养壶笔多是竹质地，极易受潮，每次使用完后，要及时晾干。

（18）茶巾

用途：擦拭泡茶过程中茶具外壁的茶水或茶渍。

使用注意事项：

①茶巾只能擦拭茶具外面的部位，不能擦拭茶具内部。

②泡茶中，要频繁使用茶巾擦拭壶底、杯底、公道杯底等茶具，以随时防止器具的这些部位从茶盘上带起的水在出汤、斟茶时滑入茶汤，令饮茶人产生不洁之感。

茶巾折法

3.3.4 选配茶具的方法

（1）绿茶

绿茶属于不发酵茶，茶叶本身细嫩、新鲜、香气馥郁，且不耐高温，正常情况下，宜用80～85 ℃的水温冲泡，现泡现饮。最佳选择是用玻璃杯或瓷材质的盖碗冲泡绿茶。玻璃杯冲泡，可以观看到茶叶在水中的沉浮，观赏“茶舞”。白瓷盖碗因其色泽洁白、晶莹，故能更好地衬托出绿茶汤的嫩绿明亮。

（2）红茶

红茶是全发酵茶，最好用盖碗，能泡出它的原味。使用盖碗，方便闻香，能够准确地评判出茶的优缺点。

（3）黄茶

黄茶属于轻发酵茶，茶质细嫩，水温太高会把茶叶烫熟，所以冲泡温度最好在85～90 ℃为宜。最好用玻璃杯或瓷杯冲泡黄茶，尤以玻璃杯泡君山银针为最佳，可欣赏茶叶“三起三落”的妙趣。

（4）乌龙茶

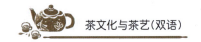

乌龙茶属半发酵茶，如铁观音、大红袍等。乌龙茶的投茶量比较大，茶叶基本上占

据所用壶、盖碗的一半或更多空间，冲泡后需加盖。浓香型或焙火程度较重的乌龙茶，适合用紫砂壶冲泡，可增加其深厚的韵味；而清香型乌龙茶，适合用盖碗冲泡，有助于展现其高扬的清香。

（5）白茶

白茶属微发酵茶。由于白茶原料细嫩，叶张较薄，冲泡时水温不宜太高，一般掌握以85 ~ 90 ℃为宜。白茶冲泡宜用透明玻璃杯或透明玻璃盖碗，芽类白茶可以使用玻璃杯欣赏白茶在水中的姿态，品其味闻其香，更能赏其叶白脉翠的独特魅力。

（6）黑茶

黑茶属后发酵茶，需要100 ℃的水冲泡。紫砂壶、盖碗都可以冲泡黑茶。

任务4　泡茶要素

泡茶技法极为讲究，同一款茶，不同的人冲泡，茶汤的色、香、味不尽相同。“茶水比例”“泡茶水温”“冲泡时间”“冲泡次数”的掌握程度决定了茶汤质量，被称为泡茶四要素。

3.4.1　茶水比例

茶水比对茶的质量也很重要，不同的茶类的茶水比完全不一样。浓茶不宜多喝，想要泡好一杯浓淡适宜的茶汤，就必须掌握正确的投茶量，投茶量即茶水比例。一般的绿茶、红茶、黄茶、白茶的茶水比是1：50，即3克茶叶用150毫升的水量泡茶。岩茶、铁观音等乌龙茶，因品质要求着重香味并重视耐泡性，一般为5克，水量110毫升，茶水比例为1：22。但在生活中，水量及茶量，可以根据个人喝茶的浓淡程度进行增减。如3克茶叶可以加180 ~ 200毫升水，茶水比例可以达到1：（60 ~ 70），而乌龙茶、普洱茶等，这些茶投茶量要稍微多一点，一般为5 ~ 8克，可以为壶身的1/3 ~ 2/3，如果是茶量多，建议出汤时间不超过30秒。各地喝茶习惯不一样，如江浙地区和广东潮汕地区的饮茶习惯不同，潮汕地区投放乌龙茶的茶量可能会比江浙一带的茶水比例稍多。这需要根据当地的饮茶习惯进行调整，但总的来说，建议茶水比例适量，不要喝过浓的茶汤。表3.2为不同茶类冲泡的茶水比例参考。

表3.2　不同茶类冲泡的茶水比

茶类	茶水比例
名优茶（绿茶、红茶、黄茶、花茶）	1：50
茶多酚含量低的名优茶（安吉白茶、太平猴魁）	1：33

续表

茶类	茶水比例
普洱茶	1：（30 ~ 50）
白茶	1：（20 ~ 25）
乌龙茶	1：（20 ~ 50）

3.4.2　冲泡水温

俗话说“嫩茶泡、老茶彻”，水温是决定茶汤色香味特征的重要因素之一，并不是所有茶叶都适合用沸水冲泡。泡茶的水温应依据茶叶特征及原料等级做正确调整。

不同的茶水泡茶水温不尽相同。水温越低，溶解度越小；水温越高，溶解度越高。陆羽《茶经·五之煮》中记载：“其沸，如鱼目，微有声，为一沸；缘边如涌泉连珠，为二沸；腾波鼓浪，为三沸；已上，水老，不可食也。”“一沸如鱼目”，煮水的时候，当水中出现如鱼眼泡一样的气泡，并发出微微的声音之时，这就是一沸。“二沸如泉涌”，继续加热，水温会持续升高，气泡从底部升高到水面，水泡破裂，放出蒸气，是二沸。“三沸腾似鼓浪”，当水气泡如同鼓浪一样翻滚的时候，就是三沸了。不同的茶类选择不同的水温。当然，茶类的水温选择还需要根据茶叶的老嫩程度调整水的温度。

不同茶类冲泡水温建议

3.4.3　冲泡时间

冲泡时间是指用水浸泡茶叶所用的时间。冲泡时间短，溶出物少，茶汤滋味淡薄；浸泡时间适宜，茶汤滋味较甜醇鲜爽；而随着浸泡时间延长，茶汤苦涩味增强，茶汤亮度降低。

一般玻璃杯泡绿茶、大宗红茶、花茶，冲泡时间为2 ~ 3分钟饮用最佳。当茶汤为茶杯约为1/3时候要及时续水。乌龙茶用壶或盖碗泡，首先需要温润泡，每泡时间依次约为1分钟、1分15秒、1分40秒、2分15秒。冲泡黄茶，以霍山黄芽为例，3克茶，用100毫升水冲泡，水与茶相遇的水温为80 ℃，第一泡1分20秒，第二泡缩短至50秒，第三泡1分钟，第四泡1分50秒，第五泡2分10秒。一般普洱茶用紫砂壶泡法，第一次冲泡，10秒之内快速醒茶，然后把茶水倒掉，再倒入开水，盖上壶盖，当茶汤呈现葡萄酒色，即可以分茶品饮，而白茶以白牡丹为例，芽叶完整的5克茶，用100毫升水冲泡，水与茶相遇的水温为90 ℃，第一泡1分钟，第二泡缩短到30秒，第三泡40秒，第四泡1分钟，第五泡1分20秒。具体时间应视茶的具体情况而定。

冲泡时间的长短，以茶汤浓度适合饮用者的口味为标准，通常的方法是粗老、坚实、整叶的茶冲泡时间要多于细嫩、松散的茶叶。

3.4.4　冲泡次数

茶叶能冲泡多少次，应根据茶叶种类和饮茶方式而定。茶叶的内含物质会在冲泡的过程中逐渐浸出，根据茶叶的原料以及客观存在的因素计算冲泡次数。绿茶一般可冲泡2～3次；红茶可冲泡3次，黄茶可冲泡3次；白茶可冲泡6～8次；乌龙茶一般可冲泡6～8次，乌龙茶因为在冲泡时投叶量大，茶叶粗老，有“七泡有余香”的享誉，如铁观音可冲泡6～8次；黑茶可冲泡15次左右。原料越老，越耐泡普洱茶和陈茶由于内含物质丰富，非常耐泡，可泡10次以上。

泡好一杯茶的技巧

任务5　冲泡方法

泡茶是一门技术，也是一门艺术，每种茶叶的泡法也不尽相同。即便是同一类茶，但因为茶叶原料的等级和老嫩程度不同，冲泡方法也有所不同。茶艺的基本内容是泡茶饮茶，但它又不同于生活中的泡茶饮茶。掌握泡茶的方法是茶艺的基本功，也是反映一个茶艺员功底深浅的重要方面。因此，茶艺不仅要让人品饮到色香味俱佳的茶汤，还要使人从中获得更多的精神享受。

3.5.1　泡茶的方法

学习茶艺就需要对茶艺人员的操作动作提出规范性要求。使茶艺人员在操作中规范严谨，张弛有度，气定神闲，在冲泡中给品饮者带来更多美好的感受。当然，学习茶艺的手法也不是一成不变的，在掌握基本原则的基础上可以灵活应用，不可生搬硬套。冲泡的方法可以归纳为4种，根据不同茶叶、器具可以选择相应的冲泡方法。

（1）单边定点注水法

单边定点法是指冲水时，随手泡壶嘴低就，只向茶壶（玻璃杯、盖碗）边缘一个固定的点缓缓注水。这种注水方式适合需要出汤很快的茶或碎茶。

（2）中间定点注水法

中间定点法是指冲水时，随手泡壶嘴低就，只向茶壶（玻璃杯或盖碗）中间的一个点缓缓注水。单边定点法是定点边缘，中间定点法则是定点中间。

（3）环绕法注水法

环绕法是指环绕着茶壶（玻璃杯或盖碗）的边缘一圈，回旋冲水。注水时要注意根据注水速度配合旋转速度，若水柱细就慢旋，若水柱粗就快旋。

(4) 螺旋法注水法

螺旋法是指从容器的中间开始注水，然后环绕着茶壶（玻璃杯、盖碗）的边缘回旋冲水，最后回到中间位置。

3.5.2 冲泡流程

不同的茶类有不同的冲泡方法，即使是同一种茶类也可能有不同的冲泡方法，但无论哪类茶叶，其冲泡的次序都大致相同。具体冲泡流程大致为备具→温具→置茶→冲泡→奉茶→品茶。

(1) 备具

准备好冲泡时所用的配套茶具。

(2) 温具

用热水温热茶壶，包括壶嘴、壶盖，同时烫淋茶杯。随即将茶壶、茶杯沥干，主要是为了提高茶具温度，使茶叶冲泡后温度相对稳定。

(3) 置茶

根据茶壶或茶杯的大小，拨入一定量的茶叶入壶。

(4) 冲泡

置茶后，按照一定的茶水比例，将开水冲入壶中。冲水时，除冲泡乌龙茶水需要溢出壶口、壶嘴外，还需进行刮沫、淋壶。其他茶类通常以冲水七八分满即可。

(5) 奉茶

奉茶时，主人需要面带笑容，分茶时茶杯的茶水以七分满为宜。奉茶时最好用茶盘或放置茶杯垫双手奉茶给客人，如图3.37所示。如果直接用茶杯奉茶，则将茶杯放置在客人处，手指并拢伸出，以示敬意。

(6) 品茶

如果是高级名茶，茶叶一经冲泡后，则不要急于饮茶，应先观茶汤，再闻茶香，最后慢啜赏味（图3.38）。

图3.37　奉茶

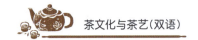

图3.38　品茶

3.5.3　泡茶用水实训活动组织

（1）实训安排

学生通过认识泡茶用水项目实训，了解水质对茶汤风味的影响。

（2）实训地点及器具

①地点：能进行茶叶品鉴的茶艺实训室。

②器具配备：每组备有品茗杯若干、随手泡4个、外形相同的150毫升审评杯4个、外形相同的审评碗4个、白瓷碗1个，茶样2款（黄山毛峰、英德红茶）、茶匙、茶荷4个、茶样盘2个、汤匙若干、茶巾、电子秤、计时器、叶底盘、便利贴。

③茶样与水：每小组配备12克英德红茶，12克黄山毛峰绿茶，农夫山泉1升，怡宝纯净水1升，农夫山泉雪山水1升，自来水1升。

（3）实训时间

2课时。

（4）实训要求

①熟悉泡水用茶的分类。

②了解不同水质的区别。

③了解茶叶审评的基本内容和流程。

④感知同一款茶在不同的泡茶用水中所体现的感官区别。

（5）准备工作

①每组学生5～6人。

②每组准备4种不同的饮用水各1升（上述的不同水质）。

③各组准备记录所用的笔与纸以及便利贴。

④茶具摆放方法如图3.39所示。

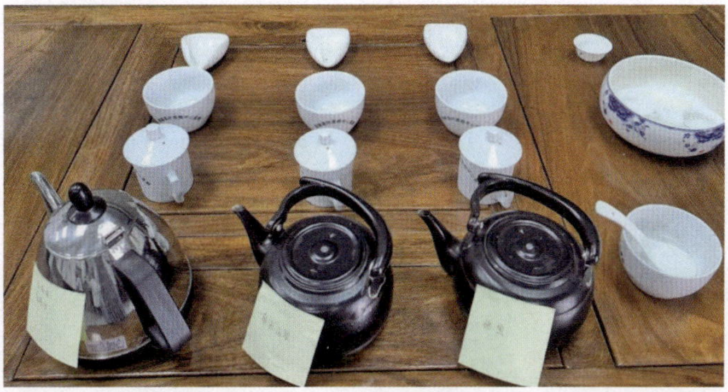

图3.39　茶具摆放方法

（6）实训方法及步骤

①教师讲解审评方法与流程并示范基本操作要点。

②学生分组练习操作方法并进行审评。

③小组讨论品鉴结果并分享实训体会。

④学生课后总结课上重点知识并填写实训报告。小组成员记录观察到的茶样、汤色、香气、滋味有关情况。

（7）泡茶用水测试的操作流程

①备具：按照器具配备的要求摆放好相关茶具。

②温具：用沸水温审评杯、审评碗。

③往审评杯中投入同样的茶样3克，如绿茶3克或红茶3克。

④用计时器开始倒计时，把4种不同水质的沸水分别注入各个审评杯，盖上杯盖。

⑤绿茶茶样倒计时4分钟（红茶5分钟）后，把审评杯中的茶水沥干至审评碗中。

⑥先用小汤勺在审评碗茶汤中搅拌一圈，等茶汤均匀后，观察汤色。

⑦审评方法依次是观察4个审评碗中茶汤的汤色，分别热嗅对应不同水质审评杯中的香气特点，最后品尝茶汤滋味。认真观察并记录审评过程中不同水质冲泡后的茶汤香气、汤色、滋味等的情况。

观察登记表见表3.3。

表3.3　观察登记表

饮用水	茶类	香气	汤色	滋味
1				
2				
3				
4				

课后思与练

1.泡茶好的基本要素有哪些？

2.用水的标准对泡茶有哪些影响？

3.中国有哪些名泉？请简述古人对泡茶用水的认识。

4.简述茶具的类别，请分享你最喜欢哪些材质和造型的茶具。

Project Three

Basic Skills for Tea Making

泡茶用水实训活动组织
Training Task for Identifying Water Used for Making Tea

（1）实训安排（Training Arrangement）

学生通过认识泡茶用水项目实训，了解水质对茶汤风味的影响。

Understand the impact of water quality on the taste of the tea soup through this training.

（2）实训地点及器具（Training Places and Utensils）

①地点：能进行茶叶品鉴的茶艺实训室。

Place: tea ceremony training rooms for tea appreciation.

②器具：每组备有品茗杯若干、随手泡4个、外形相同的150毫升、审评杯4个、外形相同的审评碗4个、白瓷碗1个，茶样2款（黄山毛峰绿茶、英德红茶）、茶匙、茶荷4个、茶样盘2个、汤匙若干、茶巾、电子秤、计时器、叶底盘、便利贴。

Utensil for each group: several tea tasting cups, four electric kettles, four 150 mL tea sensory evaluation cups, four tea sensory evaluation bowls with the same shape, one white porcelain bowl, two kinds of dry tea（Huangshan Maofeng green tea and Yingde Black tea）, tea spoon, four tea holders, two tea boards, several soup spoons, tea towel, electric scale, timer, tea residue plate, post-it note.

③茶样与水：每小组配备12克英德红茶，12克黄山毛峰绿茶，农夫山泉1升，怡宝纯净水1升，农夫山泉雪山水1升，自来水1升。

Tea samples and water for each group: 12 g Yingde black tea, 12 g Huangshan Maofeng green tea, 1 L NongFu Spring Water, 1 L C'estbon Purified Drinking Water, 1 L Nongfu Spring Changbai Snow Natural Jokul Mineral Water, 1 L tap water.

（3）实训时间（Training Time）

2 课时。

2 periods.

（4）实训要求（Training Requirements）

①熟悉泡茶用水的分类。

Be familiar with the classification of the water used for making tea.

②了解不同水质的区别。

Know about the differences between various kinds of water.

③了解茶叶审评的基本内容和流程。

Understand the basic content and process of tea appraisal.

④感知同一款茶在不同的泡茶用水所体现的感官区别。

Experience the sensory differences of the same tea brewed in different waters.

(5)准备工作(Preparation)

①每组学生5~6人。

Divide students into groups. Each group has 5 to 6 students.

②每组准备4种不同的饮用水各1 升(上述的不同水质)。

Each group prepares 4 different kinds of drinking water as mentioned above, 1 liter each.

③每组准备记录所用的笔与纸以及便利贴。

Each group prepares pens, paper, and post-it notes for making records.

④摆放方法如图3.39所示。

The layout of utensils is shown in figure 3.39.

Figure 3.39 The layout of utensils

(6)实训方法及步骤(Training Methods and Steps)

①教师讲解审评方法与流程并示范基本操作要点。

The teacher explains methods and processes of tea appraisal, and demonstrates the basic steps.

②学生分组练习操作方法并进行审评。

Students are grouped to practice and do the appraisal.

③小组讨论品鉴结果并分享实训体会。

Groups discuss the appraisal result and share their experience of practicing.

④学生课后总结课上重点知识并填写实训报告。小组成员记录观察到的茶样、汤色、香气、滋味等有关情况。

Students summarize the key knowledge of this lesson and complete training reports after class. Group members note down their observations on the tea samples, and the color, aroma, and taste of the tea soup.

（7）主要操作流程（Main Procedures）

①备具：按照器具配备的要求摆放好相关茶具。

Prepare utensils: arrange the utensils as instructed.

②温具：用沸水温审评杯、审评碗。

Warm up utensils: pre-heat tea sensory evaluation cups and tea sensory evaluation bowls with boiling water.

③往4个审评杯分别投入同一茶样，如绿茶3克或红茶3克。

Put 3 g of one tea sample（green tea or black tea）into each tea sensory evaluation cup. Each evaluation will only make an appraisal of one tea sample.

④用计时器开始倒计时，把不同水质的沸水注入审评杯，盖上杯盖。

Count down the time with a Timer. Pour the four different kinds of boiling water into different tea sensory evaluation cups and cover each one.

⑤绿茶倒计时4分钟（红茶5分钟）后，把审评杯中茶水沥干至审评碗中。

4 minutes later for green tea or 5 minutes later for black tea, pour the tea soup from sensory evaluation cups to the sensory evaluation bowls.

⑥用小汤勺在审评碗茶汤中搅拌一圈，等茶汤均匀后，观察汤色。

Stir the tea soup in the tea sensory evaluation bowl with a small soup spoon. After the tea soup has uniform color, observe its color.

⑦审评方法依次是观察4个审评碗中茶汤的汤色，分别热嗅对应不同水质杯中的香气特点，最后品尝茶汤滋味。观察并记录审评过程中，不同水质冲泡的茶汤的香气、汤色以及滋味的情况。

The methods of tea sensory evaluation include observing the color of tea soup in the 4 different tea sensory evaluation bowls, individually smelling the aroma in each bowl, and finally tasting the tea soup one by one. Observe and record the aroma, color, and taste of tea soup made with water of different qualities.

观察登记表见表3.3。

The observation registration form is shown in Table 3.3.

Table 3.3　Observation Registration Form

Water	Tea	Aroma	Color	Taste
1				
2				
3				
4				

学习项目4

茶之益

知识目标

1.了解茶对身心的作用。

2.了解茶艺与茶道的区别。

3.了解六大类茶的保健功效。

4.了解科学饮茶的方法与禁忌。

技能目标

1.掌握茶道的内涵及意义。

2.能辨析茶艺与茶道的关系。

3.掌握科学饮茶的方法。

4.掌握调饮茶的配制原则。

德育目标

通过了解茶精神、科学饮茶与健康、茶食茶饮、调饮茶制作等知识学习，引导学生树立健康的人生观，在习茶饮茶中体会茶的精神魅力，坚定理想信念，提高自身修养。通过亲身参与实践泡茶、饮茶、调制茶品，引导学生接受劳动教育、培养敢于创新与创业的思想品质。

任务引入

“茶道”一词起源于中国，至今已经使用了一千多年。历史的演变不断积淀、发展，并广泛传播于全球。最早记载“茶道”一词的是唐代诗僧皎然。中国茶道是指茶文化在饮茶过程中的技艺、美学，以及哲理和道德原则，强调通过品茶来感悟精神层面的修养。

茶道的起源及相关记载

任务1 以茶修身

茶能“益思”，使人清心，能愉悦人的心灵，可以使人“得道”。因此，中华茶文化是物质文明与精神文明的结合，是自然科学与社会的联姻，也是社会风尚与艺术文学的融合，茶赋予人们物质的享受的同时也赋予了人们精神上的愉悦和熏陶。茶文化既非纯物质文化，也非纯精神文化，而是以物质为载体，在物质生活中渗透着精神内容的文化意蕴。正所谓以茶修身，以茶悟道。茶延伸到人们的精神世界中，可以是一种境界、一种智慧、一种品格。饮茶习艺是一种工夫，也是一种修养。

4.1.1 茶道与茶艺的区别

茶道的内涵是十分丰富的，既有具体的，也有抽象的。茶道的重点在“道”，旨在通过茶艺修身养性、参悟大道。茶道的内涵涵盖茶艺；因此茶艺是茶道的基础，是茶道的必要条件，茶艺可以独立于茶道而存在。茶道与茶艺之间既有区别又有联系，现在所认同的茶道包括茶艺、茶礼、茶境、茶修四大要素。茶艺可以脱离茶道而独立存在，重在“艺”，是一门习茶的艺术，茶艺师是茶道的具体形式，茶道是茶艺的精神内涵，茶艺是有形的行为，而茶道是无形的意识。

茶艺与茶道都是中华茶文化内涵的两个重要方面。对于任何一种茶事活动，茶文化现象，都可以从茶艺与茶道两个方面进行阐述。当代的茶道在20世纪80年代茶文化热潮兴起之后，中国茶道的秉性再次得到弘扬。它们虽然提法不一，有提茶道精神的，有称茶德精神的，有说茶艺精神的，但所言的精神实质都牵涉茶道的秉性所在，也是茶道精神的一种概括。

4.1.2 中国、日本、韩国的茶道

（1）中国茶道

茶道的产生，在茶文化史上具有重大意义，它表明中国不但是茶树的起源地，品茗艺术的发源地，而且也是茶道的诞生地，并且早在1 200年前的唐代就已经形成，继而发展成熟，影响世界。这是作为中国茶人值得引以为荣的。茶道源于中国，传播至世界各地，日本、韩国等国家的“日本茶道”和“韩国茶礼”均是由中国茶道发展演变而成的。当代“茶圣”吴觉农先生认为：茶道是把茶视为珍贵、高尚的饮料；饮茶就是一种精神上的享受，是一种艺术或者一种修身养性的手段。

茶道是一门综合了多门学科的理论精华，是以茶道实践为主要途径，以提升自己

的综合素质和精神境界、改善自己的生活质量为目的边缘学科，它带有东方农业民族的生活气息和艺术情调，追求清雅，向往和谐。早在唐代时，陆羽在《茶经》中就写道：“茶之为饮，最宜精行俭德之人。”借品茗倡导清和、俭约、廉洁、求真、求美的高雅精神。中国台湾中华茶道协会第二届大会通过的茶道基本精神是“清、敬、怡、真”。“茶道”的真谛不仅要求事物外表之清，更需要心境清寂、宁静、明廉、知耻。我国很多学者也对“茶道”的基本精神有不同的理解，其中最具代表性的是茶业界泰斗浙江大学茶学系庄晚芳教授提出的“廉”“美”“和”“敬”。庄老先生解释为：廉俭育德，美真康乐，和诚处世，敬爱为人。很多人认为这四个字是中国“茶道”的核心精神，也是茶德的精神。

（2）日本的茶道

茶道起源于中国，但在日本特别盛行。日本的饮茶风尚一直可以追溯到一千二百多年前的奈良时代。由中国唐代的鉴真和尚及日本的留学高僧最澄法师带入日本，很快流行于日本上层社会。

南宋绍熙二年（公元1191年）日本僧人荣西将茶种从中国带回日本，从此日本才开始遍种茶叶。在南宋末年日本南浦昭明禅师来到我国浙江省余杭县的经山寺取经，交流了该寺院的茶宴仪程，首次将中国的茶道引进日本，成为中国茶道在日本的最早传播者。日本《类聚名物考》对此有明确记载：“茶道之起，在正元中筑前崇福寺开山南浦昭明由宋传入。”直到日本丰臣秀吉时代（相当于我国明朝中后期）千利休成为日本茶道高僧后，创立了最大众化的“一派茶道”，又称“千家茶道”，并总结出茶道四规：“和”“敬”“清”“寂”。图4.1展示了日本的茶道。

图4.1　日本的茶道

（3）韩国的茶礼

韩国茶礼，又称茶仪、茶道。韩国的传统茶礼，其形式与日本茶道相似。韩国的饮茶史也有数千年的历史。公元7世纪时，中国饮茶之风已遍及全国，并流行于广大民间。这种饮茶文化随后传至韩国，使韩国的茶文化成为韩国传统文化的重要组成部分。韩国茶道的形成经历了新罗时期、朝鲜时期、高丽时期和现当代时期几个阶段。韩国的现代茶礼种类繁多、各具特色。

韩国茶礼源于我国的古代饮茶习俗，并集禅宗文化、儒家与道教伦理以及韩国传统礼节于一体，是世界茶苑中的一簇典雅的花朵。其茶道精神以“和”“敬”“俭”“真”为基本精神，其含义如下：和，要求人们心地善良，和平相处；敬，尊重别人，以礼待人；俭，俭朴廉正；真，为人正派，以诚相待。茶礼的过程，从迎客、环境、茶室陈设、书画、茶具造型与排列、投茶、注茶、点茶、喝茶到茶点等，都有严格的规矩和程序，力求给人以清静、悠闲、高雅、文明之感。图4.2展示了韩国的茶礼。

图4.2　韩国的茶礼

任务2　茶与健康

《生命时报》专访了中国工程院院士、中国农业科学院茶叶研究所研究员陈宗懋。他坚持喝茶80多年，研究茶60多年。他有句名言：“饮茶一分钟，解渴；饮茶一小时，休闲；饮茶一个月，健康；饮茶一辈子，长寿。”（图4.3）陈宗懋院士说：“茶不仅仅是文人的生活，也是大众的生活。”这也是他一直以来倡导的“人人饮茶，茶为国饮”。

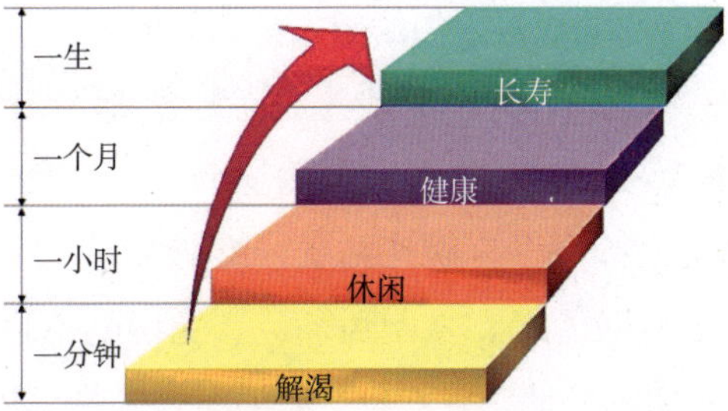

图4.3　饮茶与健康

4.2.1　古今话茶健康

从古至今，关于饮茶保健的文献记载举不胜举。最熟悉的就是“神农尝百草，日遇七十二毒，得荼而解之”（此处的“荼”即“茶”）。纵观古今，有饮茶习惯的老人大多长寿。饮茶可以防治很多慢性疾病，起到延年益寿的作用。唐代大医学家陈藏器在《本草拾遗》中就写道：“诸药为各病之药，茶为万病之药。”可以得知，茶的保健功效早已被人们所认同并加以利用。在古代人们曾将茶叶称作“茶药”。汉代医圣张仲景在《伤寒杂病论》中记载：“茶治脓血甚效。”华佗也有“苦茶久食益意思”的说法。在唐代，茶圣陆羽在《茶经》中将茶与“醍醐甘露”相比，《茶经·一之源》写道：“茶之为用，味至寒，为饮，最宜精行俭德之人，若热渴、凝闷、脑疼、目涩、四肢烦、百节不舒，聊四五啜，与醍醐、甘露抗衡也。”内容说的是茶的功效，茶的性味至寒，作为饮品，最适合精进行事并且节俭的贤德之人。

随着化学和现代医学科学的进步，茶叶中的多种功效成分被发现和利用，茶叶的生化作用被剖析，茶叶的功效之谜正在逐渐被解开。经科学研究发现，所有茶类都有预防心血管疾病、降脂、防治糖尿病、保护大脑、美容祛斑、减肥、防治高血压、解酒、抗肿瘤等的功效，因此，提倡科学饮茶对身体健康有非常好的保健功效，长期饮茶及服用茶类食品，可以达到强身健体、预防疾病的目的。饮茶可以预防和减轻许多人体疾病，可以作为调节剂增强体质、提高抗病性，但需要注意，茶不能完全替代药物作用。

4.2.2 茶与心理健康

世界卫生组织对健康的定义为“健康是指不仅仅是指没有疾病或病痛，而且是一种躯体上、精神上和社会上的完全良好状态”。饮茶不但使人精神上得到放松，还有助于放慢生活的节奏，以茶会友也能建立一种和谐的人际关系。随着社会发展的加速，各种平衡被打破，竞争也越来越激烈，人们的心理负担、思想压力也在无形中增强，而精神健康是人们正常生存的必要保证。从医学心理学角度了解，转移注意力和放松精神是解决心理问题的有效措施，它的方式多种多样。如从饮茶开始渐入品茶的意境，在“得味”到“得趣”以至于“得道”的过程中，能使人们在紧张的社会活动中得到缓解，这种随时随地都可以进行的修身养性对人们的健康是有益的。

饮茶对精神的作用，从唐代诗人卢仝的《走笔谢孟谏议寄新茶》（“七碗茶诗”）这一脍炙人口的诗中就能感受到饮茶带给人的愉悦感受。“七碗茶诗”全诗精华内容如下：“一碗喉吻润，两碗破孤闷。三碗搜枯肠，唯有文字五千卷。四碗发轻汗，平生不平事，尽向毛孔散。五碗肌骨轻，六碗通仙灵。七碗吃不得也，唯觉两腋习习清风生。”诗人所表达的内容和感受是，茶不只是解渴润喉之物，从第二碗开始就会对精神发生作用；喝完三碗使人思维敏捷；四碗之时，感觉生活中的不平、心中的不快，都发散出去；五碗时，浑身爽快；六碗喝下去，有得道通神之感；七碗时更是飘飘欲仙。饮茶时忘却烦恼，放松精神的作用被淋漓尽致地表达出来。不管是在古代还是在当代，其实喝茶被越来越多的人认识到，饮茶时可以提升人的精神境界和生活品位，常饮茶可以缓解精神上的紧张和焦虑，从而变得平和、乐观和豁达，从而拥有良好的心理状态。

4.2.3 茶叶中的特征性成分与功效

茶多酚、咖啡碱和茶氨酸被称为茶叶中的特征性成分。所谓特征性成分就是指这些成分是茶叶里特有的，而其他植物里没有或含量很少。这几种特征性成分对身体的功效和生理反应都各有不同。

（1）茶氨酸对人体的功效

茶氨酸占茶叶中游离氨基酸的一半左右，是茶叶中重要的品质成分，尤其与绿茶品质的关系密切。茶氨酸具有以下几个方面的功效：增进记忆力和学习能力，对帕金森综合征、阿尔茨海默病及传导神经功能紊乱等有预防作用，同时具有防癌抗癌、降压安神、改善睡眠、增强人体免疫力、延缓衰老等作用。

（2）咖啡碱对人体的功效

在茶叶里面最重要的生物碱就是三种：咖啡碱、可可碱和茶叶碱。其中咖啡碱最多，茶叶碱的含量只有它的千分之一都不到。咖啡碱对人体具有提神益思、强心利尿、消除疲劳等功效。喝茶能提神醒脑，主要就是生物碱的作用。咖啡碱的好处与坏处皆有，不好的地方有：患有痛风的人喝了可能导致发病，神经衰弱的人喝了会睡不着，胃不好的人喝了可能对胃有刺激，心脏不好的人可能更加兴奋。但是，健康、正常的人喝了会使身体更加健康、长寿。

（3）茶多酚是人体的“保鲜剂”

茶多酚是茶叶中最重要的一类成分，它的含量很高。集中表现在茶芽上，对茶叶的品质影响最显著。茶多酚的功能包括：其一，抗氧化作用。茶多酚可以提供质子，是一种理想的天然抗氧化剂，还可以从多种途径来防止机体受氧化。其二，抗癌、抗突变作用。通过动物试验确认茶多酚对皮肤癌、食道癌、胃癌、肠癌、肝癌等有抑制作用。其三，抗炎抗菌和预防蛀牙、牙周炎的作用。其四，茶多酚能与引发口臭的多种化合物起中和反应，消除口臭。除此以外，还具有抑制动脉硬化、降血糖、降血压、抗辐射等作用。

4.2.4 不同茶类的保健功效

茶叶所含各种有机及无机成分对机体具有十分重要的作用。饮茶对健康的预防作用也并非所有的茶均有效果，而是需要根据每个人的身体状况和希望所达到的效果进行合理选择和科学饮用，同时要坚持长期饮用，才能达到效果，起到预防疾病或减轻疾病的目的。六大茶类有绿茶、白茶、乌龙茶（青茶）、红茶、黄茶、黑茶，虽加工工艺与特性不尽相同，所含的化学物质种类和数量也不尽相同，如青茶（乌龙茶）和红茶中的芳香物质就明显多于绿茶，但研究发现基本上六大茶类都具有养生保健的功效，如减肥、降“三高”等。多饮茶、饮好茶、科学饮茶可以延缓衰老，同时防止一些慢性疾病的发生。

（1）绿茶的主要保健功效

绿茶属于不发酵茶，由于加工过程中的“杀青”工序，钝化了茶鲜叶中的酶活性，使加工出来的绿茶较多地保留了鲜叶内的天然成分，如茶多酚、氨基酸、咖啡碱、维生素C等主要功效成分含量较高。科学证明，绿茶有抗氧化、抗辐射、抗癌、降血糖、降血压、降血脂、抗菌、抗病毒、消臭等多种保健作用，为其他茶类所不及。尤其是绿茶的抗氧化性，为六大茶类之首。已有明显证据显示自由基能导致机体出现各种不适应症状，常喝绿茶，可以清除体内自由基，从而降低患癌风险。

随着绿茶的保健作用日益为人们所认识，它在包括中国、日本以及欧美的许多国家受到青睐，世界上的绿茶消费量也逐年递增。同时，绿茶茶粉、绿茶抽提物，以及含有绿茶成分的保健食品、化妆品等也在市场上深受消费者喜爱。

（2）红茶的主要保健功效

红茶为全发酵茶。红茶中的儿茶素在发酵过程中大多会变成氧化聚合物，如茶黄素、茶红素及分子量更大的聚合物。这些氧化聚合物有很强的抗氧化性，这使红茶具有抗癌、抗心血管病等作用。民间还将红茶作为暖胃、助消化的良药，陈年红茶也可用于治疗、缓解哮喘病。

流行病学研究和基础实验结果表明，红茶及其有效成分对冠心病、癌症、龋齿、骨骼健康、糖尿病、帕金森综合征等有很好的防治作用。

（3）黄茶的主要保健功效

黄茶属于轻度发酵茶类，黄茶的制作起源于绿茶，其独特的闷黄工艺使黄茶的内含物质种类和含量有别于其他茶类。黄茶富含茶多酚、氨基酸、可溶糖、维生素等丰富营养物质，对防治食道癌有明显功效。黄茶鲜叶中天然物质保留有85%以上，而这些物质对防癌、抗癌、杀菌、消炎均有特殊效果，为其他茶叶所不及。此外，在焖黄过程中会产生大量的消化酶，对脾胃有好处，可以防治食道癌，对消化不良、食欲不振、懒动肥胖等都有一定的改善效果。

（4）白茶的主要保健功效

白茶属微发酵茶，其制法在各类茶中最简单，因此保持的化学成分较接近于茶鲜叶的成分。由于白茶性寒凉，味清淡，具有抗菌、解毒等作用功效，因此其在退热降火、清凉解毒等方面功效显著，在民间常用作降火凉药。尤其是陈年银针白毫可用作患麻疹的幼儿的退烧药，其退烧效果比抗生素更好。美国的研究发现，白茶也有防癌、抗癌的作用。

（5）乌龙茶的主要保健功效

乌龙茶为半发酵茶。乌龙茶特殊的加工工艺使其品质特征介于红茶与绿茶之间，是中国几大茶类中独具鲜明特色的茶叶品类，乌龙茶内含物质丰富。传统经验认为隔年的陈乌龙茶具有治感冒、消化不良的作用；现代医学证明乌龙茶在降血脂、减肥、抗过敏、防蛀牙、防癌、延缓衰老、助消化方面有特殊功效。并且近些年研究发现，除去儿茶素的乌龙茶依然有很强的抗炎症、抗过敏效果，现在日本已将乌龙茶提取物开发成预防花粉症的保健食品。乌龙茶对单纯性肥胖的疗效非常好，其有效率可以达到64%。因此，在日本，乌龙茶多次引发了热潮，尤其是受到日本女性的喜爱。

（6）黑茶的主要保健功效

黑茶属后发酵茶。黑茶茶叶原料选用较粗老的毛茶，制茶工艺特殊（有渥堆工序），这些方面有别于其他茶类，因此黑茶的药理保健功能亦具有特殊性。黑茶中有机酸的含量明显高于非发酵的绿茶，此外还含有较丰富的营养成分，最主要的是维生素和矿物质，另外还有蛋白质、氨基酸、糖类物质等，可以与茶多酚或者茶多酚氧化产物产生很好的协同效果，有益于改善人体肠道功能。黑茶具有很强的解油腻、助消化的功能，所以其降脂减肥的功效特别突出。另外，黑茶中含有较多的茶多糖。茶多糖能够增强机体自身抗氧化能力和提高肝脏中葡萄糖激酶的活性，具有明显的降低血糖的作用。

黑茶的主要保健功效

中国古人对茶效的认识

任务3　科学饮茶

众所周知，喝茶有益健康。其实，在选择饮用茶类和数量时，学会正确的饮用方法和科学饮茶，才能达到健康的目的，因此科学饮茶很重要。茶圣陆羽在《茶经》中记载："茶味至寒，采不时。造不精，杂以卉疾，饮之成疾。"其实，喝茶不当，对身体也是有伤害的。因此喝茶虽好，也需要讲究合适的方法，否则可能会适得其反；只有正确认识和科学应用茶叶中的活性成分才能真正实现茶对人们养生保健的目的。茶不在贵，合适就好，选对茶才能喝好茶。因为人的体质、生理状况和生活习惯差别很大，饮茶后的反应也各不相同，特别是在生理反应上各有不同。如有些人喝了乌龙茶或者绿茶会胃部不适，有的人会睡不好觉等。这需要根据不同情况而定，如根据个人年龄、性别、身体素质、工作环境，甚至时间季节等，来选择茶类品种和不同地域生产的茶。茶叶的品种丰富多样，所含成分和功效也有所区别，只有科学饮茶才能有益身体健康。

4.3.1　看茶喝茶

我们可以根据不同的茶叶采取相应的喝茶方式。不同的茶类由于加工工艺不同，内含物质的组成和含量有所差异，其性味也有差异，对人体的保健功效也有所不同。茶叶分类，按照中医的角度，可以分为寒性和温性。一般而言，绿茶、黄茶、白茶和轻发酵的乌龙茶属于凉性茶，重发酵的乌龙茶如大红袍、肉桂等属于中性茶，黑茶、红茶属于温性茶。

六大茶类（图4.4）茶性不同，对人体的影响也不同。例如，绿茶性寒，适合体质偏热、胃火旺、精力充沛的人饮用，同时有很好的防辐射效果，非常适合常在屏幕前工作的人；白茶性凉，适用人群和绿茶相似，但“绿茶的陈茶是草，白茶的陈茶是宝”，陈放的白茶有祛邪扶正的功效；黄茶性寒，功效也跟绿茶大致相似，不同的是口感，绿茶清爽、黄茶醇厚；红茶为全发酵茶，甜性温热，散寒除湿，温中暖胃，有健胃的功效。红茶对脾胃虚弱、胃病者较适合；乌龙茶（青茶）性平，适宜人群最广；红茶性温，适合胃寒、手脚发凉、体弱、年龄偏大者饮用，加牛奶、蜂蜜口味更好；黑茶（普洱茶）性温，能去油腻、解肉毒、降血脂，适当存放后再喝，口感和疗效更佳。

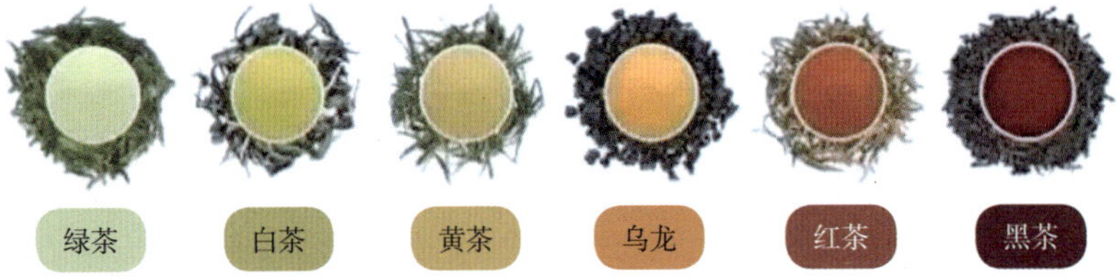

图4.4　六大茶类

茶类的
主要茶性

4.3.2　因人喝茶

由于每个人的身体情况不同，如不同的年龄、性别、身体素质等，需要考虑适合自己身体具体状况的喝茶方式。根据每个人的体质，选择的喝茶方式也不尽相同。2009年4月9日，我国出版《中医体质分类与判定》标准，将人的体质分为9种，如图4.5所示。

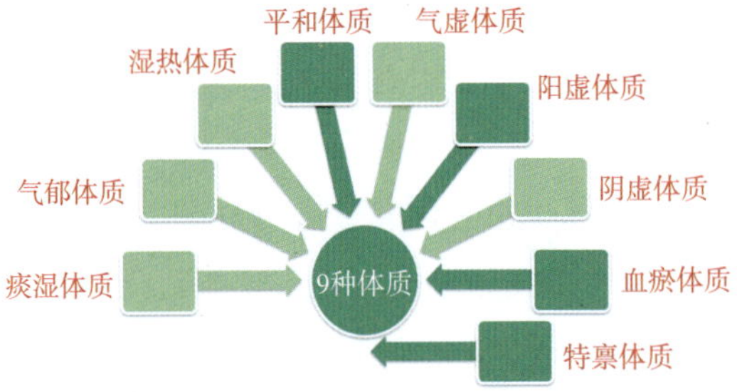

图4.5　人的9种体质

（1）辨识体质饮茶

《中医体质分类与判定》将不同的人们分为平和体质、湿热体质、痰湿体质、阳虚体质、阴虚体质、气虚体质、血瘀体质、气郁体质、特禀体质9种体质，每种体质都有自己的独特的特点，每种茶饮也有自己的独特的功效，不同体质与不同茶饮配合，会带来不一样的效果。因此，不同的茶叶属性，对应不同的人体体质，人们要根据自身体质的不同选择适合自己的对症茶饮，这样对健康会更有益。

不同体质与饮茶建议

（2）根据喜好合理饮茶

初次饮茶或偶尔饮茶的人宜喝一些清新鲜爽的茶，如安吉白茶等名优绿茶，或如清香型铁观音等轻发酵乌龙茶；喜好浓醇茶味的，可选择炒清绿茶和重发酵乌龙茶以及红茶；如喜好调饮的，可调饮成牛奶红茶或柠檬红茶等。图4.6为茶与饼干。

图4.6　茶与饼干

（3）特殊人群喝茶禁忌

①经期、孕期和哺乳期的女性最好少饮茶或只饮淡茶。茶叶中的茶多酚会与铁离子结合，这可能会干扰铁的吸收，从而增加缺铁性贫血的风险。大量饮茶易引起痛经、经血过多或经期延长等问题。孕妇摄入大量咖啡因后，胎儿会被动吸收，这对胎儿的生长发育不利。哺乳期女性饮浓茶后，茶多酚会减少乳汁分泌，同时咖啡因通过母乳进入婴儿体内，易使婴儿兴奋过度，或发生肠道痉挛。

②糖尿病患者宜饮茶。糖尿病患者的病症是血糖高、口干口渴、乏力。饮茶可以有效地降低血糖，具有止渴、提神的效果。但糖尿病人喝茶不可太浓，一日内可泡数次饮用，茶类没有限制。

③吸烟与吸二手烟者、放射科医生、采矿工人、使用计算机者可以多喝茶。

④驾驶员、脑力劳动者等可以多喝茶。饮茶能使人保持头脑清醒、精力充沛，适合需要长时间保持高度专注的人群。

⑤神经衰弱与睡眠障碍患者，不应在睡前饮茶。茶叶中含有的咖啡因有令人兴奋的作用，会使入睡更加困难。

⑥胃溃疡、十二指肠溃疡患者不宜饮茶，尤其不可空腹饮茶。茶叶中的生物碱会使胃酸分泌增加，影响溃疡面的愈合。

⑦铁性贫血患者不宜饮茶。茶叶中的茶多酚会与食物、补铁药剂中的铁离子络合，生成难溶性沉淀，不利于人体吸收铁元素，降低补血药剂的药效。

4.3.3　饮茶适度

为了达到饮茶养生的目的，要学会用正确的方法科学饮茶，这也体现在选择饮用茶类的数量时要适度。每人每天茶量以8～10克为合适，具体还需看个人的身体状况。不建议喝浓茶，尤其是睡觉前（3～5小时）。古人云“淡茶温饮最养人”，建议150毫升水放3克茶叶。

4.3.4　因时喝茶

气候和季节也是选择茶叶的依据，应根据不同的时间和季节选择或者调整。“春饮花茶理郁气，夏饮绿茶祛暑湿，秋品乌龙解燥热，冬饮红茶暖脾胃”。因为季节的不同，我们的身体也会随之发生一定的变化。一杯时令茶，往往对应着季节更替间阴阳五行的流转，选对茶，能让身体跟上自然变换的节拍。

任务4　茶饮食与日化品

我国茶叶深加工产业起步于20世纪七八十年代。20世纪90年代初，中国茶饮料开始产业化，后期快速增长。2000年以来，一些新技术、新设备和逆流提取、超临界萃取、膜（柱）层分析、分子制备、改性重组等高效提制技术，强势推动了茶叶深加工的产业化进程。目前，我国已经形成了三大精深加工产品体系：茶饮料和全茶粉；茶叶功能性成分提取；涵盖食品、保健品、日化、美容、纺织、药品、服装、饲料、建材等领域在内的含茶终端产品。

饮茶
注意事项

4.4.1　茶与饮食

茶在中国的饮食文化中扮演着重要的角色，正所谓，开门七件事，“柴米油盐酱醋茶”。饮食文化中也包含了茶文化。中国人的饮食智慧不仅表现在将茶叶加工成不同的种类，还表现在将茶与食物的完美结合，制成美味的茶膳。茶疗与食疗一样，是中国中医发展史上的一个重要分支。随着人们的生活水平的提高，人们在吃好的同时更加注重养生，茶疗可以使用单味茶进行调配，因此，各种的保健茶应运而生。在保健茶的热潮中，一种新的时尚在我国很多地方和世界其他国家流行开来，从“饮茶到吃茶”的时尚越来越受到关注和应用。作为对茶医药保健功效的深入开发，茶被用于数以千计的中药方剂和保健茶配方之中，这些配方茶被称为保健茶或药茶（图4.7—图4.9），如美容养颜茶、瘦身美体茶、清肝明目茶、抗衰防老茶等。这类茶的特性也各有千秋，其性质不仅与所含有的茶叶有关，还决定于配方中其他中药材的性质，对于保健茶方或者药茶的选用，因每个人的体质都各不相同，建议在专业的人士指导下饮用。饮茶养生贵在坚持，在日常保健或疾病调理上，都需要长期科学饮用才能发挥其效用。茶饮养生，为人类健康助力。

图4.7　养颜玫瑰花红茶

图4.8　暖胃红枣姜红茶

图4.9　通气和胃桂花红茶

中国自古以来就提倡食药同源，而茶既是药，又是饮品，也可作为食品以及茶膳。茶作食物，并不是近现代才发明的新创意。《诗疏》说：“椒树、茱萸，蜀人作茶，吴人作茗，皆合煮其中以为食。”早在汉代之前，人们就开始用茶当菜，或者煮成汤羹，即最初的“茶食”，只不过当时的茶食仍然以解毒为主要功能。茶食与茗宴的形成和发展，可以说是古代吃茶法的延伸和拓展，其历史颇为久远。现代科学研究还表明，“吃茶”比“饮茶”具有更好的保健效果。“吃茶”是在“饮茶”的基础上发展而成的，将茶叶加入作为个体的单个食品或某一类食品中，如龙井虾仁、碧螺春饺子、茶香鸡（图4.10）、茶香虾（图4.11）、茶香猪蹄、茶叶蛋、绿茶饼、桂花绿茶糕（图4.12）、红茶双鲜鲮鱼丸（图4.13）、乌龙茶象形包（图4.14）等。这些菜肴或者食物都是取茶之清香，使其融入各种食材，为菜肴锦上添花的。随着现代生活水平的发展，茶食以及茶膳在饮食行业中应用很多，美味饮食和健康饮食是茶膳的特点，它们的特色都是以强身健体、食疗养生等保健功效深入人心的。茶食茶膳，不仅是茶叶消费的新形式，更是餐饮文化中一枝瑰丽的奇葩，也标志着茶文化进入了一个新的阶段（图4.15、图4.16）。

图4.10　茶香鸡

图4.11　茶香虾

图4.12　桂花绿茶糕

图4.13　红茶双鲜鲮鱼丸

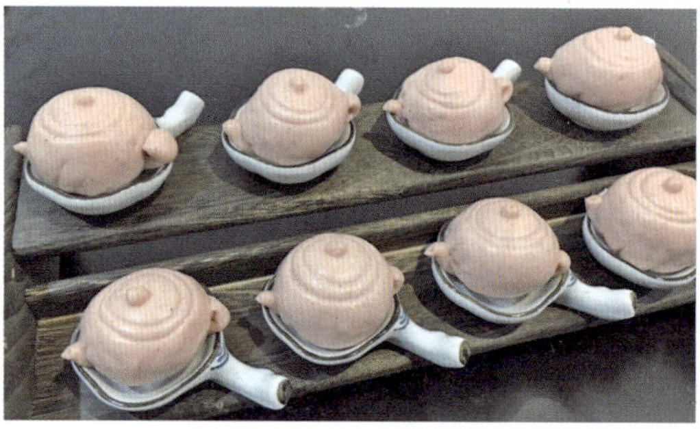

图4.14　乌龙茶象形包

图4.15　“淡品茗香”主题接待宴中餐主题宴会设计作品

图4.16　“淡品茗香”茶宴宴席设计

4.4.2　茶与调饮

近年来，调饮茶以其天然、健康、时尚、方便等特性受到了越来越多人关注和喜欢，特别是新式调饮茶受到新时代年轻消费者的追捧，发展迅猛，目前已经进入了一个新的发展阶段。数据显示，2022年新式茶饮行业市场规模超过2 900亿元，全国门店约45万家，年消耗茶叶超过20万吨，以消费者需求为导向，新茶饮对茶原料的发展推动出现飞轮效应。

（1）调饮茶的概念

自古以来，茶的饮用方式主要围绕药用、食用、饮用等一个或者多个目的，采取符合时代背景的方式。其中有一种方式是“清饮”，即仅以茶叶本身的滋味饮用；另一种方式是“调饮茶”，即调和其他植物或香味、滋味等形成的新茶品。所谓“清饮茶”，是指在茶汤中不添加其他任何物品，直接享受茶的原汁原味，而调饮茶，又称调配型茶饮料，是以茶叶为主体，添加果汁、糖奶、香精等配料中的一种或几种，经过摇制或调和而成的茶饮料。调饮茶一般来源于3个方面，即地域性的风俗茶饮、健康保健茶饮及民族特色茶饮。与清饮茶相比，调饮茶可以调出更加丰富的味道，如柠檬茶、蜂蜜茶、奶茶等。

（2）古代的调饮茶

我国最早饮用茶叶时，将姜、椒、桂等和而烹之，即属于调饮法。早在唐宋时期，调饮法就已占主导地位。唐代把盐和姜作为煎茶时必备的佐料；而宋代则常见将茶与核桃、松子、芝麻等进行调饮。至今民间验方以茶、姜、红糖相煎治痢，并以之消暑解酒食毒。下面介绍几种古今常用的调饮养生茶。

①三生汤。将生茶叶、生米、生姜各适量，用钵捣碎，加适量盐，沸水冲泡，当茶服饮。具有清热解毒、通经理肺的功用，能起到防病保健、延年抗衰的作用。

②客家人的擂茶。以三生汤为基本配料，再加入不同的原料。按地域和族群可分为客家擂茶和湖南（非客家）擂茶两大类。

③姜茶饮。将鲜姜捣碎，用纱布绞汁，并加到茶汁中，加蔗糖适量，搅匀温服。适宜于缓和肠炎、细菌性痢疾、腹泻腹痛等症。温中散寒，回阳通脉，燥湿消痰。

（3）当代的调饮茶

当代，调饮茶越来越受到欢迎，尤其是年轻一代自主创新的饮茶方式已成为趋势和潮流，人人动手做调饮，花样繁多、趣味浓厚。中国是产茶大国，世界上每两杯茶就有一杯来自中国；中国也是茶叶消费大国，饮茶之风源远流长，持续至今。从吃茶到喝茶，从清饮到调饮，现在新茶饮已经走进了我们的生活，而且越来越成为受年轻人青睐的饮茶方式。新式茶饮已成为我们生活中常见的健康饮品，如水果茶、养生茶和牛奶红茶等。下面介绍几种制作简便、原料易配的日常调饮茶，以供参考。

做法1：双莓美白水果饮。

配料：草莓、蓝莓、柠檬、绿茶。

制作方法：用盐把柠檬的表皮搓洗干净，切片去籽。把草莓、蓝莓清洗干净，放入杯中，用勺子挤压，捣碎一部分，加入冲泡好的绿茶即可。可以根据口味加入冰块。

做法2：茉莉热橙水果茶。

配料：橙子、柠檬、冰糖、茉莉花茶。

制作方法：橙子和柠檬表皮用盐搓洗干净，切片，柠檬去籽。将材料全部放入茶壶中，加水煮开即可。

做法3：山楂养生茶。

配料：绿茶2克、山楂3～6颗、冰糖3克。

制作方法：先用开水冲泡山楂，再把冰糖和茶叶放入，盖上盖子，闷2～3分钟，待茶味溢出即可饮用。

功效：可用于治疗消化不良、腹胀、小儿厌食等。

做法4：乌梅养生茶。

配料：绿茶1～1.5克、乌梅25克、甘草5克、水800毫升。

制作方法：加入800毫升水，煮沸10分钟后加入绿茶即可，分3次温服。

功效：抗癌、消炎祛痰、涩肠止泻。

做法5：桂圆红枣补血茶。

配料：红茶5克、干红枣250克（去核后净重）、桂圆肉50克、冰糖80克、蜂蜜400克、水580毫升。

制作方法：将红枣、桂圆、冰糖放入汤锅内，加入水，大火烧开后，改小火，焖煮约30分钟，放入茶叶。

功效：健脑益智、温补、安神补血。

做法6：牛奶红茶。

配具：雪克杯、量杯、泡茶壶（煮茶小锅、盖碗）、滤网、茶巾、一次性塑料调饮杯。

配料：英红九号、英德红茶茶汤（1∶30比例，闷泡8～10分钟，水温100 ℃），全脂牛奶或浓缩淡奶、浓缩咖啡奶、炼奶或砂糖。

比例参考：英红茶汤200毫升，全脂牛奶150毫升或浓缩淡奶100毫升，炼奶15毫升，咖啡奶50毫升。

操作方法：①将适量牛奶倒进备好在雪克杯的红茶茶汤中，再加入适量的炼奶或砂糖，摇匀。②将牛奶及炼奶倒进备好红茶茶汤的量壶中，用备用空壶将奶茶在两个壶间反复拉茶。

4.4.3 茶日化品

（1）茶与保健品

浙江大学茶学系教授、中国国际茶文化与健康研究会常务副会长屠幼英长期从事茶叶教学与研究，成功开发生产过多项茶多酚、茶黄素、速溶茶产品并获得多项研究殊荣。屠教授针对茶叶中的茶多酚、茶黄素具有的保健功能做了多项研究，这些研究及实验成果都是对茶保健产品的应用和推广的有力论证。茶不单是饮品，还能作为很好的保健品，预防疾病的发生。对于亚健康人群而言，服用保健品防患疾病，比吃药治病要感觉轻松和愉快很多。

茶类健康产品的研发和应用越来越多，有关数据统计，在2003年—2007年已经注册的茶保健产品主要功能项目分布中，辅助降脂的有42个产品，与减肥有关的有31个产品，增强免疫的产品有27个产品，缓解疲劳的有21个产品。可以看出，社会对茶叶的降脂减肥和提高免疫的功能很重视。图4.17和图4.18为市场上的一些茶保健品。

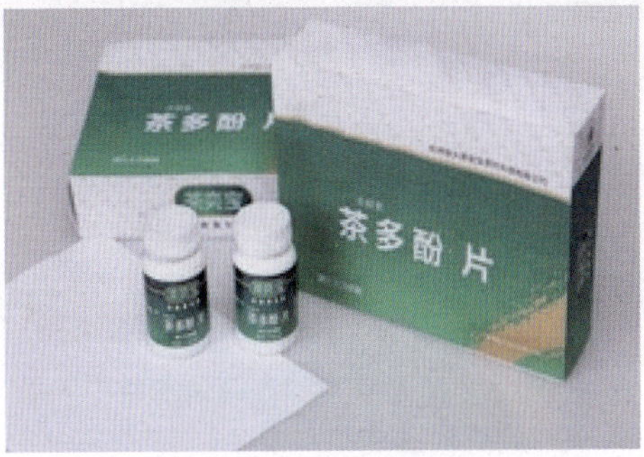

图4.17　茶多酚片

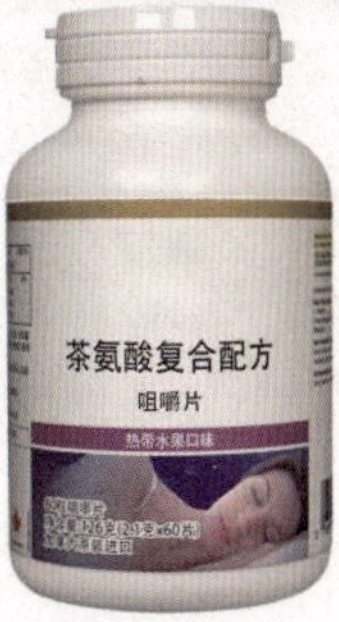

图4.18　茶氨酸复合配方（咀嚼片）

（2）茶与天然色素

茶为人间草木，可饮，可食，还可赏。茶叶可以改变其物理形状，研磨成不同颜色的茶粉，添加到食物中，起到着色的作用，是一种天然健康的色素。目前，茶黄色已经被国家列为天然食品添加剂。图4.19为绿茶蛋糕。

图4.19　绿茶蛋糕

扎染相信很多人并不陌生，茶染大家是否了解呢？最近在中国茶叶学会新闻上有一篇关于“茶染纺织品的制备及其保健功能研究”的新闻报道，茶叶可以染制纺织品，简称茶染。目前，茶染在日本和欧美非常盛行。随着中国消费者对草木染概念认知度的提高，茶染才得以进入我们的视野，现在还以毛巾为主。据介绍，茶染属于天然草木染中的一种，也是最简单的染色方案之一，它不仅原料廉价易得（陈茶亦可），而且安全无毒。其染出的颜色多为黄色系，因所用茶类不同会有细微的差别，如图4.20、图4.21所示。

图4.20　茶染步骤

图4.21　茶染的丝巾成品

(3)茶与茶制品

饮茶有利身体健康已经为世界所公认，而茶叶健康制品也属于原生态、纯天然制品之列，这些用品不但有丰富的营养，而且拥有许多有效的保健功能，特别是在抗菌消炎、健肤美容等的作用，被广泛应用于日用品领域。随着养生与健康风气的盛行，茶的健康功效将被更广泛的应用到日用品中，同时融入我们的生活，生活因有茶而变得更美好。如今，我们一天24小时都可以与茶打上交道，生活因有茶而更健康，见表4.1。

表4.1　24小时与茶叶健康制品

时间	茶制品及茶的相关事务			
6:00	茶牙膏	茶洗面奶	茶肥皂	茶毛巾
7:00	茶面霜	茶防晒霜	茶多酚护手霜	茶丝巾
8:00	茶面包	茶泡饭	抹茶酸奶	茶叶蛋
9:00	喝茶时光			
12:00	茶面条	茶餐	茶点心	
16:00	下午茶	茶点		
18:00	茶香肉	茶叶炒蛋	红茶烧肉	
20:00	吃着茶食品享受家庭小茶会			
22:00	茶沐浴液	茶树面膜	茶染内衣	茶水泡脚
23:00	茶枕头	茶的养生故事	茶香被	茶的美好生活梦

更多茶制品如图4.22—图4.25所示。

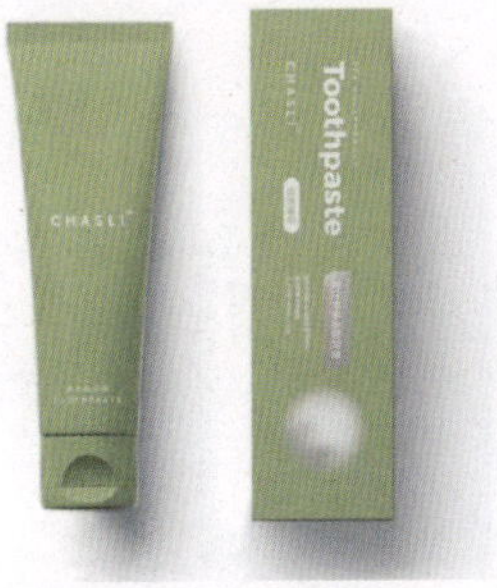

图4.22 茶多酚牙膏

图4.23 茶爽无蔗糖包装

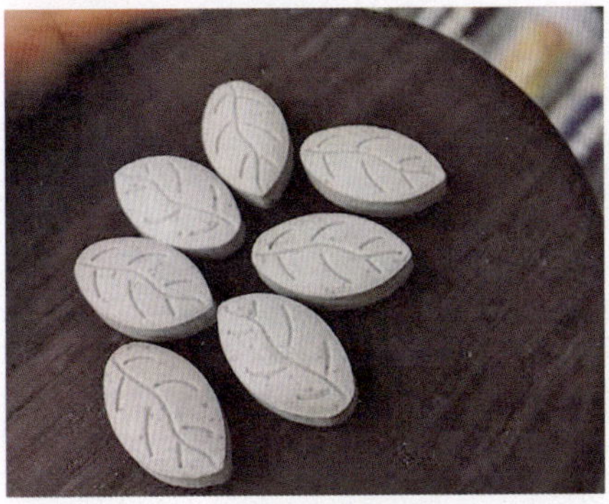

图4.24 茶爽无蔗糖含片

图4.25 茶香沐浴露

古今茶叶调饮的药用实例

红豆奶泡红茶的制作

4.4.4 茶调饮制作实训活动组织

(1)实训安排

红豆奶盖茶调饮与制作。学生通过本项目的实训，掌握调饮红茶的配制原则和红豆奶盖茶的调制方法。

(2)实训地点及器具

①地点：能进行茶叶调饮的实训室。

②每小组配备12克英德红茶。

③器具：雪克杯、大小量杯、泡茶壶（盖碗）、公道杯、茶巾、品杯（一次性）、调饮匙、水盂、茶匙、玻璃壶（扎壶）、美丽雅塑料杯一个，奶泡器、拉花杯。

④配料：英红九号、纯牛奶、糖浆、红豆罐头。

(3)实训时间

2课时。

(4)实训要求

①掌握好投茶量，确保奶茶和糖浆（炼奶）的配制程序正确，配料比例适宜。

②调出的奶茶要适口，制作过程要讲究手法和卫生。

(5)准备工作

①学生每组5～6人。

②备具、备水、备配料。

(6)实训方法及步骤

①教师讲解流程与示范。

②学生分组进行操作练习。

③小组展示调饮成品并进行品鉴评比。

④学生课后总结课上重点知识并填写实训报告。

(7)调饮红豆奶盖茶的方法与流程

①备具，备好以上需要的相关器具。

②温具，把主要的用具用沸水温热一遍。

③准备好茶汤基底。取茶，备好热水，使用盖碗（壶）闷泡后出汤。茶汤基底，6克英红九号红茶，95 ℃水温，茶水比例1：30，冲泡6分钟，两次冲泡至170毫升，常温茶汤倒入雪克杯。

④将适量牛奶倒进备好在雪克杯的红茶茶汤中，再加入适量糖浆。参考比例为糖浆20克+牛奶150毫升+茶汤170毫升，采用拉茶法，用玻璃壶（扎壶）和雪克杯将茶汤与牛奶混合均匀；反复拉茶6次以上，去沫。

⑤取60克红豆装入美丽雅塑料杯，然后将调配好的奶茶沿着塑料杯杯壁徐徐倒入杯中。

⑥取50毫升牛奶打发成奶盖，倒入杯中最上层，并作装饰。

(8)实训活动评价方法

实训活动评价方法见表4.2所示。

表4.2 实训活动评价方法

序号	测试项目内容	评分标准	分值/分	得分/分
1	备具	物品准备齐全、整齐、便于操作	10	
2	投茶	茶水比例适宜	10	

续表

序号	测试项目内容	评分标准	分值 / 分	得分 / 分
3	配料	配料准确、比例适宜	10	
4	冲泡	冲泡熟练	10	
5	调配	操作流程正确	20	
6	出品质量	调制出的奶茶口味适宜	20	
7	卫生	讲究卫生标准	10	
8	团队合作	小组分工合理、有效率	10	
总分			100	
小组组别及成员姓名：			时间：	
评价教师（人员）：				

课后思与练

1.如何才能科学饮茶促健康？

2.请与家人或者朋友分享六大茶类的主要保健功效。

3.请结合自己的学习茶道的特点，谈谈对茶道有何影响。

4.你平时喜欢喝新式调茶饮吗？请根据调饮茶的特点设计一款时尚茶饮。

Project Four

The Benefits of Tea

茶调饮制作实训活动组织
Training Task of Tea Beverages

（1）实训安排（Training Arrangement）

红豆奶盖茶调饮与制作。学生通过本项目的实训，掌握调饮红茶的配制原则和红豆奶盖茶的调制方法。

Making red bean milk tea: students learn the principles of making blended black tea and master the blending method of red bean milk tea.

（2）实训地点及器具（Training Place and Utensils）

①地点：能进行茶叶调饮的实训室。

Place: training rooms suitable for making tea blend.

②每小组配备12克英德红茶。

For each group：12 g Yingde Black Tea.

③器具：雪克杯、大小量杯、泡茶壶（盖碗）、公道杯、茶巾、品杯（一次性）、调饮匙、水盂、茶匙、玻璃壶（扎壶）、美丽雅塑料杯一个，奶泡器、拉花杯。

Utensil: shaker, measuring cups in different volumes, Gaiwan （tea bowl with a lid）, fair mug, tea towel, disposable tea cups, stirring spoon, slop basin, tea spoon, glass jug, one Maryya PC cup, milk frother, and pitcher.

④配料：英红九号、纯牛奶、糖浆、红豆罐头。

Ingredients: Yingde Black Tea No. 9, pure milk, syrup, red bean can.

（3）实训时间（Training Time）

2课时。

2 Periods.

（4）实训要求（Training Requirements）

①掌握好投茶量，奶茶和糖浆的配制程序正确，配料比例适宜。

Master the amount of tea, the correct procedure of mixing milk tea and syrup, and the appropriate ingredient proportion.

②调出的奶茶要适口，制作过程要讲究手法和卫生。

The milk tea should be palatable. Pay attention to the techniques and hygiene in the production process.

（5）准备工作（Preparation）

①学生每组5～6人。

5 to 6 students per group.

②备具、备水、备配料。

Prepare utensils, water, and ingredients.

（6）实训方法及步骤（Training Methods and Steps）

①教师讲解流程与示范。

The teacher explains the steps and demonstrates the methods.

②学生分组操作练习。

Students are divided into groups for practice.

③小组展示调饮成品并进行品鉴评比。

Groups present the finished tea beverages, and then taste and evaluate the bevereages.

④学生课后总结课上重点知识并填写实训报告。

Students summarize key knowledge and complete training reports after class.

（7）调饮红豆奶盖茶的方法与流程（Method and Process of Making Red Bean Milk Tea）

①备具，备好以上需要的相关器具。

Prepare utensils：prepare all the needed utensils.

②温具，把主要的用具用沸水温热一遍。

Warm up: warm up the utensils with the boiling water.

③准备好茶汤基底。取茶，备好热水，使用盖碗（壶）闷泡后出汤。茶汤基底，6克英红九号红茶，95 ℃水温，茶水比例1：30，冲泡6分钟，两次冲泡至170毫升，常温茶汤倒入雪克杯。

Prepare the tea soup: Prepare 6 g Yingde black tea and 95 ℃ hot water. The ratio of the tea and the water is 1：30. Take out the tea and make the tea in a Gaiwan with the water. Brew the tea twice within 6 minutes to make 170 mL tea soup. Pour the tea soup which has been cool down to room temperature into the shaker.

④将适量牛奶倒进备好在雪克杯的红茶茶汤中，再加入适量糖浆。参考比例为糖浆20克+牛奶150毫升+茶汤170毫升，采用拉茶法，用玻璃壶（扎壶）和雪克杯将其混合均匀；反复拉茶6次以上，去沫。

Pour some milk into the shaker with black tea soup and then add some syrup. The reference ratio of each ingredient is syrup 20 g + milk 150 mL + black tea soup 170 mL. Mix them with the Teh Tarik technique, which is to repeatedly pour the mixture out and in between glass jug and the shaker, at least for six times. And then remove the foam on the beverage.

⑤取60克红豆装入美丽雅塑料杯，然后将调配好的奶茶沿着塑料杯壁徐徐倒入杯中。

Take 60 g of red bean and put them into a beautiful plactie cup, then slowly pour the prepared milk tea along the wall of the plactie cup into the cup.

⑥量50毫升牛奶打发成奶盖，倒入杯中最上层，并做装饰。

Use 50 mL milk and whip it into the milk foam. Place the foam on top of the PC cup and add some garnishes.

学习项目 5

茶艺1

知识目标

1.了解“茶艺”词源及茶艺的内涵。

2.了解茶艺美学的特点。

3.了解绿茶、红茶、乌龙茶的冲泡技艺。

4.了解潮州工夫茶的特点。

技能目标

1.掌握茶艺的内涵及具体类型。

2.能掌握主要茶类的冲泡方法及指定茶艺的技艺。

德育目标

通过茶艺及茶艺美学的了解学习，提高学生生活美学素养；通过对非遗潮州工夫茶技艺的学习，引导学生树立劳动教育、工匠精神，以及精益求精的职业道德素养。

任务引入

明代张源在《茶录》中根据季节变化提出：“投茶有序，毋失其宜。先茶后汤，曰下投。汤半下茶，复以汤满，曰中投。先汤后茶，曰上投。春秋中投，夏上投，冬下投”。除了投茶法，泡茶过程中还有些茶叶的冲泡方法使用民间的俗语命名，如“凤凰三点头”，其意是如同凤凰一般，向人点头示意，欢迎客人上门。如今，这种吉祥之举也运用到茶艺之上。根据以上内容你有什么体会呢？其实泡好一壶茶，离不开好的茶叶、好的茶具和好的泡茶的水；除此之外，泡茶的注水的快慢、水流的急缓，水线的走势、高低、粗细都是重要步骤，对茶汤品质都有着影响。这里所讲的投茶的步骤和冲泡的方法，都是属于茶艺的范畴。那么，你了解茶艺是什么了吗？

任务1　茶艺概述

中国的茶文化是一个以品茗艺术为核心的综合性文化体系，包含丰富多彩的茶文化内涵。自古以来，喝茶就被视为一件赏心悦目的事。古人在品茗的同时，还伴有焚香、弹琴、吟诗等文艺活动。因此，喝茶者总会精心准备与泡茶有关的一切事宜。喝茶不只是解渴这么简单的事，随着时间的推移，它逐渐演变成了一门艺术。

5.1.1　关于茶艺

“茶艺”一词，自古有之。早在唐代陆羽的《茶经》一书之中，就对茶艺进行了系统阐述，“茶”与“艺”两字开始发生联系。古代茶事典籍中，频繁有古人对“茶艺”的理解和感悟。近代茶艺之说，最迟在20世纪40年代初即已经出现。20世纪，为推动茶文化的成长，经由反复思虑和评论辩论，为避免有模仿日本茶道之嫌，创建了“茶艺”这个新名词。

（1）茶艺的概念

现代茶艺有广义和狭义之分。广义：研究茶叶的生产、制造、经营、饮用的方法和探讨茶叶原理，以达到物质和精神享受的学问。狭义：研究如何泡好一壶茶的技艺和如何享受一杯茶的艺术。广义的茶艺的概念范围之大，几乎囊括了茶文化和整个茶学。

（2）茶艺的内涵

茶艺包括泡茶、饮茶的艺术。艺术虽然与技巧有密切的联系，但是艺术高于技巧，技巧是基本的、浅层次的，而艺术已经进入一种美学的范畴。所以，茶艺的艺术之美应该突出美学追求，茶艺属于实用美学、生活美学、休闲美学的领域，茶艺的形象构成色、声、香、味、触（意境）。因此，茶艺美包括了环境之美、水质之美、茶叶之美、茶器之美、艺术之美。可以简单理解为“喝一杯美的茶”和“很美地喝一杯茶”。通俗而言，茶艺就是饮茶的艺术，是带有艺术色彩的饮茶，是日常饮茶的艺术化。

（3）茶艺的特点

茶的艺术之美，应该是泡茶者仪态美和心灵美的统一，是仪容、知识、风格和内心精神思想的统一，而饮茶同样强调美，应该有美的诗情画意；待客之道也应该讲究艺术，讲究心灵的相通，这样的“茶艺”才能达到艺术的标准。当然，泡茶与饮茶都只是外在的形式，体现出来的是对茶文化精神的追求，是一种文化观念的融合。基于以上的理解，茶艺应该是界定在泡茶、饮茶直接相关的技巧与艺术方面的内容。图5.1和图5.2展示了“茶的美”。

图5.1　欣赏一杯茶之美

图5.2　美美地享受茶之美

5.1.2　茶艺涉及的范围

茶艺的范围其实很广，凡是与茶叶产、制、销、用等一系列过程有关的都属于它的范畴，如茶山之旅、制茶过程、选购茶叶、选购茶具、泡茶一壶茶、享用一杯茶、茶文化史、茶叶经营、茶艺美学等。根据以上的内容，可以把茶艺的具体内容归纳为技艺、礼法、道法。其中，技艺就是茶艺的技巧和工艺。礼法就是泡茶中的礼仪和规范。

5.1.3　茶艺的具体类型

①按照时期分，茶艺可以分为古代茶艺和当代茶艺。

②按照习茶方法分，茶艺可以分为煮茶茶艺、煎茶茶艺、点茶茶艺、泡茶茶艺。

③按照茶事功能分，茶艺可以分为生活型茶艺、经营型茶艺、养生型茶艺。其中，生活型茶艺一是个人品茗，二是奉茶待客，这是我们生活中涉及最多的；经营型茶艺主要是茶馆、茶艺馆、茶叶店，以及餐饮、宾馆及其经营场所为消费服务的茶艺；养生型茶艺则是继承茶疗传统，并且融入现代健康养生理念，以“追求茶的身心修养”为宗旨的茶艺。

④按照茶叶的品种和类型分，六大类茶中有绿茶茶艺、红茶茶艺、乌龙茶茶艺、黑茶茶艺、黄茶茶艺、白茶茶艺。

⑤按照主泡茶具分，有壶泡茶艺（包括紫砂壶小壶冲泡、瓷器大壶冲泡），如盖碗茶艺、紫砂壶茶艺、玻璃杯茶艺等。

⑥按照茶事活动内容来分，可以分为宫廷茶艺、宗教茶艺、民俗茶艺、文人雅士茶艺等。

⑦按照饮茶人群来分，可以分为仕女茶艺、少儿茶艺等。

⑧按照民族来分，可分为汉族茶艺、少数民族茶艺。再根据各个民族的民俗及传统主题有对应相关的茶艺，如白族三道茶、纳西族龙虎斗等。

⑨按照民俗来分，可以分为客家擂茶、新娘茶等。

图5.3—图5.5分别为壶泡法茶艺、表演型茶艺、仿古型茶艺。

图5.3 壶泡法茶艺

图5.4 2018年全国大学生茶艺技能大赛作品——表演型茶艺

图5.5 2018年全国大学生茶艺技能大赛作品——仿古型茶艺

茶艺
美学与特征

任务2　绿茶茶艺

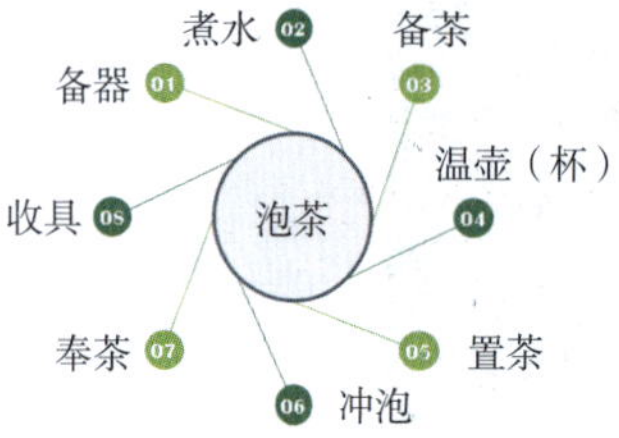

图5.6　冲泡的流程

冲泡过程是茶艺要素中关键的环节，能否把茶叶的最佳状态表现出来，全看泡茶人冲泡的技巧掌握得如何。为体现出茶叶的灵性，展示茶之美，在进行冲泡服务时就要体现“礼、雅、柔、美、静”的基本要求。绿茶和其他茶艺都需要根据如图5.6所示的流程展开。

5.2.1　绿茶冲泡实训任务

（1）实训安排

学生通过本项目实训，掌握用玻璃杯冲泡绿茶的方法及技艺。

（2）实训地点及器具

①地点：茶艺实操实训室。

②器具：玻璃杯、提梁壶、茶叶罐、茶道组、茶巾、茶荷、水盂、茶盘。

③茶叶：西湖龙井、碧螺春、安吉白茶、恩施玉露。

（3）实训时间

2课时。

（4）实训要求

①掌握绿茶玻璃杯冲泡的基本流程。

②掌握绿茶上投法、中投法、下投法的操作步骤及特点。

③能够进行绿茶玻璃杯冲泡的茶艺演示。

（5）实训方法及步骤

①教师讲解及示范用玻璃杯冲泡绿茶的基本方法及步骤要求。

②学生分组练习冲泡。

③学生分组边练习边用手机全程记录练习冲泡的过程。

④学生分组进行茶艺展示，由教师进行指导与点评总结。

⑤学生课下填写和完成实训报告。

（6）实训活动评价方法

实训活动评价方法见表5.1。

表5.1　实训活动评价方法

序号	项目内容	评价标准	配分 / 分	得分 / 分
1	仪态礼仪	坐姿端正，仪态端庄，大方	5	
2	布具	物品齐全，摆放有序	5	
3	赏茶	动作轻柔大方，动作规范	10	
4	温杯洁具	手法正确，动作规范	10	
5	投茶	投茶量合适，动作规范、干茶不掉	10	
6	浸泡、摇香	注水量合适，手法正确，动作适度	10	
7	冲泡	手法顺畅，能运用“凤凰三点头”的冲泡方法，冲水量合适	10	
8	分茶	茶汤均匀，至杯中七分满	10	
9	奉茶	依次奉茶，使用礼貌用语及行伸掌礼	10	
10	品茶	持杯手法正确，姿势大方	10	
11	收具	茶具有序归位，摆放整齐	10	
总分			100	
小组组别及成员姓名：			时间：	
评价教师（人员）：				

5.2.2　绿茶的冲泡方法

（1）冲泡茶具的选择

冲泡绿茶的茶具可以选用玻璃杯（首选）、盖碗、玻璃壶或瓷质茶具。通常名优绿茶以选用透明玻璃杯为佳。如西湖龙井、黄山毛峰、碧螺春等优质茶叶，冲泡中可以看到茶叶吸收水分后，在水中一起一落，缓缓舒展开时的飘逸，便于观赏外形。一般的绿茶则选用瓷质或玻璃透明茶具皆可。

绿茶的冲泡

（2）绿茶玻璃杯冲泡法

玻璃杯冲泡绿茶的投茶法有上投法、下投法、中投法。茶的上投、中投、下投泡法起源于明代。

①上投法：上投法为先向杯子注入七成左右的热水，再投茶，让茶叶慢慢下沉（图5.7）。

图5.7　上投法

②中投法：中投法为先往杯中注入1/3热水，然后投茶，等茶浸润后，再注水至七分满（图5.8）。

图5.8　中投法

③下投法：下投法为先投茶，再往杯中注水至七分满（图5.9）。

▲ 投茶　▲ 润茶　▲ 冲泡

图5.9　下投法

（3）名优绿茶冲泡方法及建议

①适合杯泡上投法的绿茶：外形细紧、卷曲、重实、显毫的细嫩炒青（如特级龙井、特级碧螺春、特级信阳毛尖、都匀毛尖等）、细嫩烘青（如竹溪龙峰、黄山毛峰）等细嫩度极好的绿茶。上投法泡茶，原料较细嫩，水温需要略低，水温一般在70～80 ℃。

②适合杯泡中投法的绿茶：似卷非卷、似扁非扁，外形介于适合上投与下投两者之

间的绿茶，这些绿茶细嫩但很松展或很紧实（如庐山云雾、婺源茗眉、羊岩勾青等）的名优绿茶。水温一般为90 ℃。

③适合杯泡下投法的绿茶：体积较大，芽叶肥壮，如扁性、兰花性、颗粒形等大部分的绿茶（西湖龙井、六安瓜片、竹叶青、太平猴魁）。冲泡这些绿茶水温一般在90～95 ℃，冲泡时间略长，时间一般为2～3分钟。

（4）绿茶冲泡要点

①绿茶冲泡时间因水温和茶叶的品种、老嫩不同，选择的水温及投法也有所不同。一般绿茶80～85 ℃的水温所泡茶汤最好。茶叶越嫩，水温越低。如水温过高，容易烫熟茶叶，茶汤变黄，滋味苦涩。

②绿茶冲泡次数3～4泡。

③茶水比例：1：50。

④一泡时间：1～2分钟。

⑤玻璃杯冲泡时，当茶杯中的茶汤剩1/3时，泡茶者可提壶续水，一般可续两次，绿茶泡3次时，内含物质90%左右已浸出。

5.2.3 绿茶茶艺（以透明玻璃杯为例）

（1）茶具配置

玻璃杯、茶荷、茶叶罐、茶巾、茶道组、提梁壶、水盂、茶盘、西湖龙井，如图5.10所示。

图5.10 绿茶茶艺演示备具

（2）冲泡流程

备具→备水→行鞠躬礼→入座→布具→取茶→赏茶→温杯→投茶→润茶→摇香→冲泡→奉茶→收具→行鞠躬礼。

（3）步骤与技巧

①备具。玻璃杯杯口向下放置茶盘内，呈“品”字形，茶盘左上方摆放茶样罐，中下方置茶巾，茶巾上叠放茶荷，右下角放提梁壶。

②备水。选用清洁的天然水。在有条件的情况下最好选用瓶装水、蒸馏水，或者是通过过滤设施的自来水。

③布具。双手将水壶、水盂移到茶盘右侧桌面，再将茶样罐、茶道组放在茶盘左侧上方桌面上，茶巾放在茶盘后方中间，茶荷放在茶巾右边，最后用双手按从右到左的顺序依次将茶杯翻正，三个杯子摆放在茶盘对角线上，水盂在茶盘右上至左下的对角线上。

④取茶、赏茶。用茶匙从茶样罐中取适量茶叶拨入茶荷中，盖好茶叶罐复位。请来宾欣赏其外形、色泽及闻嗅干茶。

⑤温杯。向玻璃杯中注入少量热水，水量约为杯身的三分之一。手持杯底，缓慢旋转使杯中上下温度一致，然后将温杯水倒入水盂中。

⑥投茶。用茶匙将茶荷中的干茶轻轻分拨入玻璃杯中。一般的茶水比例为1∶50，即1克茶50毫升水，每杯用茶叶2～3克。

⑦润茶（浸润泡）。以回旋手法向玻璃杯内注入少量热水，约杯身容量的三分之一。

⑧摇香。左手托住茶杯杯底，右手轻握杯身基部，运用右手手腕逆时针转动茶杯，左手轻轻旋转杯身进行醒茶，这时杯中开始散发出香气。摇毕可以依次将茶杯奉给来宾闻其茶香。

⑨冲泡。右手执水壶，高提水壶，让水直泻而下，利用手腕的力量，上下提拉注水，使用“凤凰三点头”或一次定点冲泡的方法，让茶叶在杯中上下翻动，注水至七分满。

⑩奉茶。先端盘，再起身，左脚向左一步，右脚并拢，左脚后退一步，右脚并上，端盘至品茗者，双手将泡好的茶依次敬给来宾。奉茶时行伸掌礼并说“请用茶”。

⑪收具。从左至右收具，茶具按“原路”放回，最后移放出的器具第一个收回，并放回至茶盘原来的位置。

⑫行鞠躬礼。向来宾行鞠躬礼。

图示步骤如图5.11—图5.21所示。

图5.11　备具

图5.12　布具

图5.13　取茶

图5.14 赏茶

图5.15 温玻璃杯

图5.16 投茶

图5.17 润茶

图5.18 摇香

图5.19 冲泡

图5.20 奉茶准备

图5.21 奉茶

任务3 红茶茶艺

红茶的冲泡方法有清饮法和调饮法两种。清饮是在茶汤中不加任何原料。调饮则可以根据个人口味在冲泡中加入一些调味料，如牛奶、砂糖、柠檬、红豆沙等。清饮红茶是日常崇尚真香本味的较多选择。冲泡红茶时，应根据红茶的原料特征和工艺特点调整水温和冲泡时间，下面进行红茶冲泡的学习。

5.3.1 红茶冲泡实训任务

（1）实训安排

学生通过本项目实训，掌握用盖碗冲泡绿茶的方法及技艺。

（2）实训地点及器具

①地点：茶艺实操实训室。

②茶具：盖碗、品茗杯、杯垫、随手泡、水盂、茶叶罐、茶道组、茶巾、茶荷、茶盘。

③茶叶：正山小种、英红九号、滇红工夫。

（3）实训时间

2课时。

（4）实训要求

①让学生学会根据红茶的品质特点选择冲泡的方法。

②掌握红茶盖碗冲泡的操作规范和技巧。

③能够进行红茶盖碗冲泡的茶艺演示。

（5）实训方法及步骤

①教师讲解及示范用盖碗冲泡红茶的基本方法及步骤要求。

②学生分组练习冲泡。

③学生分组边练边用手机全程记录练习冲泡的过程。

④学生分组进行茶艺展示，由教师进行指导与点评总结。

⑤学生课下填写和完成实训报告。

（6）实训活动评价方法

实训活动评价方法见表5.2。

表5.2　红茶茶艺实训活动评价方法

序号	项目内容	评价标准	配分／分	得分／分
1	仪态礼仪	坐姿端正，仪态端庄大方	10	
2	布具	物品齐全，摆放有序	10	
3	赏茶	动作轻柔大方，动作规范	10	
4	温碗温杯	手法正确，动作规范	10	
5	投茶	投茶量合适，动作规范、干茶不掉	10	
6	冲泡	手法顺畅，冲泡动作规范、优美，冲水量合适	10	
7	分茶	茶汤均匀，至杯中七分满	10	
8	奉茶	依次奉茶，使用礼貌用语及行伸掌礼	10	
9	品茶	持杯手法正确，姿势大方	10	
10	收具	茶具有序归位，摆放整齐	10	
总分			100	
小组组别及成员姓名：			时间：	
评价教师（人员）：				

5.3.2　红茶冲泡要领

（1）茶具的选择

冲泡好一杯红茶，选择好合适的器皿是非常重要的。红茶可以用盖碗泡、杯泡、壶泡等。器具质地有玻璃、陶与瓷等。瓷器中首选的是盖碗，上有盖、下有托、中有碗，又称“三才碗”“三才杯”，盖为天、托为地、碗为人，寓意是天地人和。盖碗是最百搭的冲泡器具，冲泡时可以观赏红茶的色泽，同时冲泡出来的茶汤口感也比较醇正。

（2）冲泡的水温与时间

一般红茶85～95 ℃的水温所泡茶汤最好，如果是芽类红茶水温要适当降低。如大叶种滇红，内含物质丰富，投茶量适当减少，冲泡时间缩短，冲泡时间1分钟左右，水温95 ℃左右为宜。如小叶种祁门红茶，茶叶细嫩，紧结，投茶量可适当大些，冲泡时间适当延长，水温控制在85 ℃左右。

（3）冲泡次数与茶水比

红茶冲泡次数3～5泡，冲泡的茶比例一般为1：40～1：60。

（4）冲泡技巧

冲一泡红茶的时间为2～3分钟，修习泡茶过程中，泡茶者需要根据茶叶的特点，灵活调整投茶量、冲泡时间与水温。

5.3.3　红茶盖碗泡茶艺

（1）茶具配置

盖碗、茶荷、茶道组、茶叶罐、茶巾、随手泡、品茗杯、杯托、公道杯、水盂、滤网、茶盘、英红九号。

冲泡红茶所用的茶具如图5.22所示。

图5.22　冲泡红茶茶具

(2)红茶冲泡流程

备具行礼→布具→取茶→赏茶→温具(温盖碗、温公道杯)→投茶→浸润泡→摇香→冲泡→温品茗杯→出汤→分茶→奉茶→收具。

(3)步骤与技巧

①备具:将冲泡红茶所需的器物整齐、有条理地摆放在桌面或茶盘内。

②备水:选用洁净的天然水。在有条件的情况下最好选用瓶装矿泉水、蒸馏水,或者是安装过滤设施的自来水。

③布具:从右至左布置茶具,双手将已备好热水的水壶移至右前桌面,依据个人的冲泡习惯合理摆放所需器物,使冲泡操作过程中使用方便、顺手和流畅。

④翻杯:从远至近地将品茗杯依次翻上。

⑤取茶:从茶叶罐中取适量红茶,用茶匙从茶叶罐中拨适量的红茶到茶荷中。

⑥赏茶:双手托茶荷,手臂呈放松的弧形,腰带着身体从右至左向来宾展示茶叶。请嘉宾欣赏茶叶的外形、色泽、香气。

⑦温盖碗:向壶中注入烧沸的开水温盖碗,提壶注水约1/3碗,之后将水壶放回原处。温碗后将水倒入水盂中。

⑧温公道杯:向公道杯中注水至六分满,温公道杯。

⑨投茶:用茶匙将茶荷中的红茶投放盖碗中,通常150毫升容量的盖碗投茶2~3克。具体还应根据干茶的特点及客人的喜好进行调整。

⑩浸润茶:右手提壶,转动手腕逆时针注水至1/4盖碗。

⑪摇香(醒茶):捧起盖碗,慢速逆时针旋转一圈,又快速旋转两圈,盖碗复回原位。

⑫冲泡:开盖,向盖碗定点冲泡至七分满。

⑬温品茗杯:温公道杯的水依次注入品茗杯,温品茗杯。

⑭出汤:盖碗左边留出一条缝隙,将茶汤倒入公道杯。

⑮分茶:将公道杯中的茶汤依次低斟茶分到品茗杯中,至七分满。

⑯奉茶:移出小茶盘中的盖碗和公道杯,将盘中的品茗杯摆成“品”字形,先端盘,再起身,转身右脚开步,向品茗者奉茶。

⑰收具:从左至右收具,最后移出的器具最先收回,所有器具按“原路”摆放整理好。

图示步骤如图5.23—图5.34所示。

红茶的冲泡

图5.23　备具

图5.24　布具

图5.25　取茶

图5.26　赏茶

图5.27　温盖碗

图5.28　温公道杯

图5.29　投茶

图5.30　浸润茶

图5.31　摇香

图5.32　冲泡

图5.33　温品茗杯

图5.34　分茶

任务4　乌龙茶茶艺

乌龙茶因冲泡最为考究，同时冲泡时较费工夫，又称“工夫茶”。一般选用小壶、小杯冲泡乌龙茶，且冲泡步骤、方法讲究是工夫茶的基本特征。乌龙茶的品种较多，茶叶外形差异较大，不同的茶叶所选用的茶具及投茶量也有所不同，选用合适的茶具、茶量、水温、冲泡的方式等都是泡好一杯乌龙茶的需要技艺。接下来，先进行冲泡的学习与实践。

5.4.1 乌龙茶冲泡实训任务

(1)实训安排

乌龙茶双杯冲泡法：学生通过本项目实训，掌握用紫砂壶冲泡乌龙茶的方法及技艺。

(2)实训地点及器具

①茶艺实操实训室。

②茶具配置：紫砂壶、品茗杯、闻香杯、随手泡、杯垫、茶叶罐、茶道组、茶巾、茶荷、双层茶盘。

③茶叶：铁观音、武夷岩茶、凤凰单丛。

(3)实训时间

2课时。

(4)实训要求

①掌握乌龙茶紫砂壶冲泡的基本流程。

②掌握紫砂壶双杯冲泡的方法与技巧。

③能够进行乌龙茶紫砂壶冲泡的茶艺演示。

(5)实训方法及步骤

①教师讲解及示范用盖碗冲泡红茶的基本方法及步骤要求。

②学生分组练习冲泡。

③学生分组边练习边用手机全程记录练习冲泡的过程。

④学生小组进行茶艺展示，由教师进行指导与点评总结。

(6)实训活动评价方法

实训活动评价方法见表5.3。

表5.3 乌龙茶茶艺实训活动评价方法

序号	项目内容	评价标准	配分/分	得分/分
1	仪态礼仪	坐姿端正，仪态端庄大方	10	
2	布具	物品齐全，摆放有序	10	
3	赏茶	动作轻柔大方，动作规范	10	
4	烫壶温杯	手法正确，动作规范	10	
5	投茶	投茶量合适，动作规范、干茶不掉	10	
6	冲泡	手法顺畅，冲泡动作规范、能运用定点注水及悬壶高冲注水法	10	

续表

序号	项目内容	评价标准	配分/分	得分/分
7	分茶	能使用“关公巡城”“韩信点兵”“扭转乾坤”等方法	10	
8	奉茶	依次奉茶，使用礼貌用语及行伸掌礼	10	
9	品茶	持杯手法正确，姿势大方	10	
10	收具	茶具有序归位，摆放整齐	10	
总分			100	
小组组别及成员姓名：			时间：	
评价教师（人员）：				

5.4.2 茶具的选择

冲泡乌龙茶一般选择紫砂壶、瓷壶、盖碗等，也可以使用黑褐系列的陶器茶具，紫砂壶与盖碗是冲泡乌龙茶最佳的选择。因地区和茶具的不同，乌龙茶的冲泡方法也各有不同，可以使用双杯泡法、单杯泡法和盖碗泡法等。

5.4.3 冲泡方法

（1）紫砂壶双杯泡法

需要的茶具为紫砂壶、闻香杯、品茗杯。这种冲泡方法由我国台湾兴起，具有一定的观赏性，目前在茶艺馆冲泡乌龙茶时较多使用。另外，在茶艺展示中也较常用。

（2）紫砂壶单杯泡法

壶盅单杯泡法，一般只有紫砂壶、品茗杯。壶杯泡法，只用茶壶和品茗杯。分茶时使用潮汕工夫茶技法中的“关公巡城”和“韩信点兵”的方法，使分茶时茶汤均匀。

（3）盖碗泡法

使用盖碗作为主泡器。这种方法也可以选用有盅和无盅两种。有盅的泡茶用具包括盖碗、茶盅（茶海）、品茗杯，无盅的泡茶器皿无须使用茶盅。

5.4.4 乌龙茶冲泡要点

①水温：乌龙茶水温使用刚煮开的沸水。

②冲泡次数：5~7泡，甚至更多。

③茶水比例：茶叶可以预先称好，放入茶叶罐备用，一般投茶量大致为茶壶容积的

1/3～2/3，注水量为壶的八分满，茶与水的比例为1：20～1：30。

④冲泡时间：1～3分钟，由于乌龙茶投入茶量较多，第一泡时间一般需要1分钟后将茶汤倒入杯中。第二泡、三泡手法与第一泡相同，冲泡时间稍长。第二泡比第一泡冲泡时间延长15秒，第三泡可比第二泡延长25秒。乌龙茶比较耐泡，之后的每一泡可以根据茶叶的情况适当延长。

⑤冲泡方法：泡茶过程中的茶水比例还应根据饮茶人各自的喜好、年龄、性别而定，茶艺师同时还需要根据茶叶的特点调整水温、投茶量和出汤的时间，不必过分拘泥于上述的标准。

5.4.5 乌龙茶茶艺盖碗冲泡法

（1）茶具配置

茶具配置：盖碗、竹茶荷、茶匙、茶滤、茶巾、随手泡、品茗杯、杯托、公道杯、水盂、大红袍。

盖碗冲泡备具如图5.35所示。

（2）冲泡流程（适用于生活茶艺）

备具→翻杯→取茶→赏茶→温盖碗 →置茶→温润泡→刮沫→冲泡→温杯→出汤→分茶。

（3）步骤与技巧

①备具：整理好冲泡所需茶具，如图5.36所示。

图5.35　盖碗冲泡备具

图5.36　备具

②翻杯：从远至近地将品茗杯依次翻上。

③赏茶：取出适量大红袍至茶荷上，欣赏茶的外形和香气。

④温盖碗：向壶中注入烧沸的开水温盖碗，提壶注水约1/3碗，之后将水壶放回原处。温碗后将水倒入水盂中。

⑤置茶：用茶匙将茶荷中的乌龙茶拨入盖碗中，茶量约为盖碗的2/3。

⑥温润泡：右手提壶，水冲至九分满，茶汤中白色泡沫浮出，用右手拇指、中指捏住盖钮，食指抵住钮面，拿起盖碗，由外向内沿水平方向刮去泡沫。从盖碗和碗身的缝隙中将润茶水迅速倒入水盂中。

⑦冲泡：开盖，向盖碗定点冲泡至八分满。约泡30秒即可出汤。

⑧温杯：向公道杯中注水至六分满，温公道杯。温公道杯的水依次注入品茗杯，温品茗杯。温杯时控制时间不要太长，以免影响茶汤浓度。

⑨出汤：盖碗左边留出一条缝隙，将茶汤倒入公道杯。

⑩分茶：将公道杯中的茶汤依次低斟茶分到品茗杯中，至七分满。

5.4.6 乌龙茶紫砂壶双杯冲泡法

（1）茶具配置

双层茶盘、紫砂壶、茶荷、茶叶罐、茶巾、随手泡、品茗杯、闻香杯、杯垫、茶道组、铁观音。

双杯紫砂壶茶具如图5.37所示。

图5.37 双杯紫砂壶茶具

（2）冲泡流程

备具行礼→布具→翻杯→取茶→赏茶→温壶→投茶（置茶）→浸润泡→倒茶→再次冲泡→淋壶→温品茗杯→分茶（“关公巡城”“韩信点兵”）→扭转乾坤→奉茶→收具。

（3）步骤与技巧

①布具：从右至左把茶盘中的茶具合理摆放好。

②翻杯：把倒扣在茶盘中的闻香杯和品茗杯依次翻上，并摆放好。

③取茶：将茶叶罐捧于胸前，开盖，用茶匙从茶叶罐中取出适量的茶叶拨入茶荷。

④赏茶：以腰带动上身，从右向左向客人展示茶叶。

⑤温壶：提水壶并打开紫砂壶盖，向壶中注入热水，然后温热紫砂壶。温壶的水依

次倒入闻香杯和品茗杯，水量约为1/2杯。

⑥置茶：打开茶壶盖，将茶荷中的茶叶用茶匙拨入壶中。

⑦浸润泡（冲泡）：提壶高冲，向壶中注入热水，水至壶面，以利于刮沫去除茶沫。

⑧倒茶：将浸润泡的茶水倒入茶盘中。

⑨再次冲泡：提壶高冲，向壶内注入热水。

⑩淋壶：先端两边的闻香杯淋茶壶，再端中间的闻香杯淋茶壶，使壶身内外温度升高，避免紫砂壶内热气快速散失，同时可以清除黏附在壶外的茶沫。

⑪温品茗杯：拿起右上角第一个茶杯，放入第二个茶杯，大拇指向外拨动，转动品茗杯温烫（滚杯），取出，沥净水，放回原位。

⑫分茶：提茶壶将茶汤注入闻香杯中，分三巡分汤，可以使用“关公巡城”“韩信点兵”的方法；以扭转乾坤的手法将闻香杯和品茗杯翻转过来。

⑬奉茶：双手敬奉，右手行伸掌礼，微笑说“您好，请用茶”或“请品茶”。

⑭收具：从左至右收具，最后移出的器具，最先收回，并放回至茶盘原来的位置上。

图示步骤如图5.38—图5.55所示。

图5.38　备具

图5.39　布具、翻杯

图5.40　取茶

图5.41　赏茶

图5.42　温紫砂壶

图5.43　投茶

图5.44　浸润泡

图5.45　刮沫

图5.46　淋壶

图5.47　温具1

图5.48　温具2

图5.49　再次冲泡

图5.50　温壶

图5.51　滚杯

图5.52　分茶1（“关公巡城”）

图5.53　分茶2（“韩信点兵”）

图5.54　扣杯（“扭转乾坤”）

图5.55　奉茶

5.4.7　双杯乌龙茶示饮的方法

双手端起杯托及茶杯，向右边、左边示意，然后我们就可以品茶了。右手取品茗杯，将品茗杯扣在闻香杯上。手心朝上，拇指、食指，中指固定住两杯，从手心朝上，快速翻转至手心朝下。右手持品茗杯、左手护杯，将品茗杯放在杯托原位，左手护品茗杯，右手握闻香杯，右手向里轻轻转动闻香杯，往上提，右手握杯，左手护住，由近及远，三次闻香。放下闻香杯，端起品茗杯先观汤色，再小口品饮，分三口喝完（图5.56—图5.58）。

乌龙茶的冲泡

图5.56　示饮1（左手持闻香杯）

图5.57　示饮2（闻香）

图5.58　示饮3（啜饮）

任务5　潮州工夫茶茶艺

潮州工夫茶，也称潮汕工夫茶，是广东省潮汕一带特有的传统饮茶习俗，潮汕的工夫茶最负盛名，蜚声四海，是中国茶艺中最具代表性的一种，也是最具特色的乌龙茶清饮茶艺，是融精神、礼仪、沏泡技艺和巡茶艺术、评品质量为一体的完整的茶道形式，它既是一种茶艺，也是一种民俗，是“潮人习尚风雅，举措高超”的象征。潮汕工夫茶艺被称为中国茶道的“活化石”，2008年被列入国家级非物质文化遗产项目，2022年“中国传统制茶技艺及其相关习俗”被列入了人类非物质文化遗产代表作名录，潮州工夫茶艺是其重要组成部分。

潮州工夫茶的冲泡

5.5.1　潮州工夫茶冲泡实训任务

（1）实训安排

学生通过本项目实训，掌握潮州工夫茶冲泡的方法及技艺。

（2）实训地点及器具

①地点：茶艺实操实训室。

②器具：朱泥壶（紫砂壶）、壶承、盖置、素纸（茶荷）、茶叶罐、茶巾、随手泡、紫砂（朱泥）茶船、品茗杯、凤凰单丛。

（3）实训时间

2课时。

（4）实训要求

①掌握潮州工夫茶冲泡的规范操作流程。

②掌握紫砂壶（朱泥壶）冲泡潮州凤凰单丛茶的方法与动作要领。

③能够进行潮州工夫茶冲泡的茶艺演示。

（5）实训方法及步骤

①教师讲解及示范用紫砂壶冲泡潮州凤凰单丛茶的基本方法及步骤要求。

②学生分组练习冲泡。

③学生分组边练边用手机全程记录练习冲泡的过程。

④学生小组进行茶艺展示，由教师进行指导与点评总结。

（6）冲泡主要步骤及流程

备具行礼→取茶→赏茶→温壶→（温壶的水温杯）温杯→纳茶→润茶（高注）→刮沫→滚杯→高冲→滚杯→低斟（“关公巡城”）→点茶（“韩信点兵”）→请茶→闻香→啜味→品韵→谢宾。

①备具：将器具摆放在相应位置上，茶杯呈“品”字摆放。

②取茶：所用素纸为绵纸，适合炙茶提香，倒茶叶于素纸上。

③赏茶：以腰带动上身，从右向左向客人展示茶叶。

④温壶：注水入壶，淋盖温壶。温壶，提升壶体温度。

⑤温杯（滚杯）：热盏滚杯，滚杯要快速轻巧，轻转一圈后，并将杯中余水点尽。

⑥纳茶：用茶量以茶壶大小为准，将茶叶投入壶中，约占茶壶容量八成为宜。

⑦润茶：将沸水沿壶口低注一圈后，提拉砂铫，快速往壶口冲入沸水，到水满溢出。

⑧刮沫：高注沸水入壶，使水满溢出。提壶盖将茶沫轻轻旋刮，盖定，再用沸水淋于盖上。

⑨高冲：将沸水沿壶口内缘定位高冲，注入沸水，高注有利于起香。

⑩滚杯：用沸水依次烫洗茶杯，潮州工夫茶讲究茶汤温度，再次热盏滚杯必不可少。

⑪低斟（洒茶）：每一个茶杯如一个“城门”，斟茶过程中，每到一个“城门”，需稍稍停留，注意每杯茶汤的水量和色泽，三杯轮匀，称“关公巡城”。

⑫点茶：点滴茶汤主要是调节每杯茶的浓淡程度，手法要稳、准、匀，必使余沥全尽，称“韩信点兵”。

⑬请茶：伸掌礼，敬请嘉宾品茗。

⑭闻香：先闻茶汤香气，再饮茶。

⑮啜味：分三口啜品。第一口为喝，第二口为饮，第三口为品。

⑯品韵：将杯中余下茶汤倒入茶洗，点尽，饮茶完毕三嗅杯底。

⑰谢宾：茶事毕，微笑并向品茗者行礼。

（7）实训活动评价方法

实训活动评价方法见表5.4。

表5.4　潮州工夫茶实训活动评价方法

序号	项目内容	评价标准	配分/分	得分/分
1	仪态礼仪	坐姿端正，仪态端庄大方	10	
2	布具	物品齐全，摆放有序	10	
3	赏茶	动作轻柔大方，动作规范	10	
4	烫壶滚杯	手法正确，动作规范	10	

续表

序号	项目内容	评价标准	配分 / 分	得分 / 分
5	投茶	投茶量合适，动作规范、干茶不掉	10	
6	冲泡	手法顺畅，冲泡动作规范	10	
7	分茶	能使用“关公巡城”“韩信点兵”“扭转乾坤”等方法	10	
8	奉茶	依次奉茶，使用礼貌用语及行伸掌礼	10	
9	品茶	持杯手法正确，姿势大方	10	
10	收具	茶具有序归位，摆放整齐	10	
总分			100	
小组组别及成员姓名：			时间：	
评价教师（人员）：				

图示步骤如图5.59—图5.72所示。

图5.59　备具

图5.60　备具行礼

图5.61　取茶

图5.62　赏茶

图5.63　温壶温杯

图5.64　温杯

图5.65　纳茶

图5.66　润茶

图5.67　刮沫

图5.68　高冲

图5.69　滚杯

图5.70　低洒（“关公巡城”）

图5.71　点茶（“韩信点兵”）

图5.72　请茶

5.5.2　工夫茶的历史

潮州地处省尾国角，历史变迁让中原文化在此尘埃落定。中国工夫茶自唐代开始，经过宋、元发展，在明代达到鼎盛，清代中心地区逐步转移到潮汕，因而潮汕工夫茶最完整地继承了我国古代茶事的美学理念和冲泡方法，极具唐宋茶文化遗风，潮州工夫茶直接继承陆羽《茶经》精神，是中国传统茶文化的精致体现。现在已知关于工夫茶的最早记载是明末清初。清末民初，潮州工夫茶已经形成一套完整的冲泡程式。潮州工夫茶器具如图5.73所示。

图5.73　潮州工夫茶器具

（1）潮州工夫茶的特点

潮汕人种茶、制茶精细，烹茗技艺精湛，潮州工夫茶艺以茶具精巧雅致、茶叶沏泡技艺讲究、品茶步骤严谨以及以茶寄情为主要特点，喝茶以潮州风凰单丛茶为主要茶料，是其标准特色，同时传统潮州工夫茶讲究使用工夫茶“四宝”，即“玉书碨、红泥炉、若琛杯、孟臣罐”（图5.74—图5.76）。“工夫”二字在潮语义中指做事考究、细致用心之意。潮州工夫茶非物质文化遗产传承人陈香白教授把传统潮州工夫茶的冲泡归纳为二十一式，可见泡好一杯工夫茶是需要相当凝聚力的。

图5.74　玉书碨与红泥炉

图5.75　若琛杯

图5.76　孟臣罐

（2）潮州工夫茶的精神

潮州工夫茶作为中国茶艺的古典流派，集中了中国茶道文化的精粹，乃大俗大雅的体现，是历史和传统文化的沉积。“壶小乾坤大，茶薄人情厚”，工夫茶推崇“和”“敬”“精”“乐”的精神，这种精神目前已渗透到社会生活的各个角落，遍及海内外，默默地起着沟通情谊的纽带作用，浓浓的茶香滋润和安抚着人们的心灵。“和”意为和谐，待人和气，以和为贵；“敬”意为对人尊敬，以茶待客，以礼相待；“精”意为精致、精细，在选茶、用器、冲泡、品饮上讲究，精益求精；“乐”意为平等和睦，一同喝茶，其乐融融。

5.5.3　潮州工夫茶冲泡的主要器具

潮州工夫茶的茶具十分讲究，一套完整的茶具包括茶壶、茶盘、品茗杯、壶承、丝瓜络、茶罐、水瓶、水钵、龙缸、砂铫、茶担、红泥火炉、羽扇、生火铜器套件、竹薪、木碳（或橄榄碳）、茶台、炉台、茶巾、素纸等器具。

5.5.4　潮州工夫茶冲泡流程

备具→生火→净手→候火→倾茶→炙茶→温壶→温杯→纳茶→润茶（高注）→刮沫→烫杯→高冲→滚杯→低斟→点茶→请茶→闻香→啜味→品韵→谢宾。

5.5.5 《潮州工夫茶冲泡技术规程》二十一程式

第一式：备器

依次摆好孟臣壶、泥炉等烹茶器具，将器具摆放在相应位置上，茶杯呈“品”字摆放。

第二式：榄炭烹清泉

泥炉生火，砂跳加水，添炭扇风。

第三式：沐手事佳茗

茶师净手，烹茶净具全在于手，滚杯端茶。

第四式：扇风催炭白

扇风助燃，当炭燃至表面呈现灰白色，即表示炭火已燃烧充分，没有杂味，可供炙茶。

第五式：佳茗倾素纸

所用素纸为绵纸，适合炙茶提香，倒茶叶于素纸上。

第六式：凤凰重浴火

炙茶，提香净味，至闻香时香清味纯即可。

第七式：孟臣淋身暖

注水入壶，淋盖温壶。温壶，提升壶体温度，有益于激发茶香。

第八式：热盏巧滚杯

热盏滚杯，滚杯要快速轻巧，轻转一圈后，并将杯中余水点尽。

第九式：朱壶纳乌龙

纳茶时需适量，用茶量以茶壶大小为准，约占茶壶容量八成为宜。

第十式：甘泉润茶至

将沸水沿壶口低注一圈后，提拉砂铫，快速往壶口冲入沸水，到水满溢出。

第十一式：移盖拂面沫

高注沸水入壶，使水满溢出。提壶盖将茶沫轻轻旋刮，盖定，再用沸水淋于盖上。

第十二式：斟茶提杯温

运壶至三个杯子之间，倾洒茶汤烫杯，然后将杯中茶汤弃于副洗，提高茶杯温度。

第十三式：高位注龙泉

将沸水沿壶口内缘定位高冲，注入沸水，高注有利于起香，低泡有助于释韵。高低相配，茶韵更佳。

第十四式：烫盏杯轮转

用沸水依次烫洗茶杯，潮州工夫茶讲究茶汤温度，再次热盖滚杯必不可少。

第十五式：关公巡城池

每一个茶杯如一个“城门”，斟茶过程中，每到一个“城门”，需稍稍停留，注意每杯茶汤的水量和色泽，三杯轮匀，称“关公巡城”。

第十六式：韩信点兵准

点滴茶汤主要是调节每杯茶的浓淡程度，手法要稳、准、匀，必使余沥全尽，称“韩信点兵”。

第十七式：恭敬请香茗

伸掌礼，敬请嘉宾品茗。

第十八式：先闻寻其香

先闻茶汤香气，再饮茶。

第十九式：再啜觅其味

分三口啜品。第一口为喝，第二口为饮，第三口为品。

第二十式：三嗅品其韵

将杯中余下茶汤倒入茶洗，点尽，饮茶完毕，三嗅杯底。

第二十一式：复恭谢嘉宾

茶事毕，微笑并向品茗者行礼。

课后思与练

1.潮州工夫茶的四宝是什么？它们的用法分别是什么？

2.请概述潮州工夫茶的特点及主要精神。

3.潮州工夫茶冲泡的分茶技法是什么？

4.反复练习潮州工夫茶的冲泡流程，并掌握其冲泡步骤。

Project Five

Tea Ceremony 1

绿茶冲泡实训任务
Training Task of Making Green Tea

(1)实训安排(Training Arrangement)

学生通过本项目实训,掌握用盖碗冲泡绿茶的方法及技艺。

Master the methods and skills of brewing green tea with a Gaiwan through this training project.

(2)实训地点及器具(Training Place and Utensils)

①地点:茶艺实操实训室。

Place: tea ceremony training rooms.

②茶具:玻璃杯、提梁壶、茶叶罐、茶道组、茶巾、茶荷、水盂、茶盘。

Utensil: glass cup, teapot with a handle, tea canister, tea ceremony set, tea towel, tea holder, slop basin, tea board.

③茶叶:西湖龙井、碧螺春、安吉白茶、恩施玉露。

Dry tea: Xihu Longjing, Biluochun, Anji white tea, Enshi Yulu.

(3)实训时间(Training Time)

2课时。

2 periods.

(4)实训要求(Training Requirements)

①掌握绿茶玻璃杯冲泡的基本流程。

Master the basic process of making green tea with glass cup.

②掌握绿茶上投法、中投法、下投法的操作步骤及特点。

Master the procedures and characteristics of the so-called Shangtou technique, Zhongtou technique, and Xiatou technique.

③能够进行绿茶玻璃杯冲泡的茶艺演示。

Be able to demonstrate the tea ceremony of brewing green tea with glass cup.

(5)实训方法及步骤(Training Methods and Steps)

①教师讲解及示范用玻璃杯冲泡绿茶的基本方法及步骤要求。

The teacher explains and demonstrates the method and steps of making green tea with glass cup.

②学生分组练习冲泡。

Students practice in groups.

③学生分组边练边用手机全程记录练习冲泡的过程。

Students record the whole process with their cell phones while practicing.

④学生小组进行茶艺展示，教师指导与点评总结。

The student groups show tea ceremony, and the teacher gives guidance and comments.

⑤学生课下填写和完成实训报告。

Students complete training reports after the class.

（6）冲泡主要步骤和流程（Main Procedures of Making Green Tea）

备具行礼→布具→取茶→赏茶→温杯→投茶→润茶→摇香→冲泡（使用凤凰三点头的技法）→奉茶→收具→行鞠躬礼。

Prepare the tea set then salute to guests→lay out the tea sets→take out the dry tea→appreciate the dry tea→warm up the glass→add the tea into the glass→soak the tea→rotate gently for creating tea aroma→make the tea with the Phoenix-nods-three-times technique→serve the tea→collect the utensils→salute to guests with a bow.

①备具行礼：准备好配套的茶具，入座后行鞠躬礼。

Prepare the tea set then salute to guests: Prepare the tea set. Take a seat and then salute to guests with a bow.

②布具：从右至左布置茶具。三个茶杯逐个翻杯。

Lay out the tea sets: Set the tea sets down from right to left. Flip the three tea cups one by one.

③取茶、赏茶：用茶匙从茶样罐中取适量茶叶拨入茶荷中，盖好茶叶罐复位。

Take out and appreciate the dry tea: Take an appropriate amount of the dry tea from the tea canister and put it into the tea holder with a teaspoon. Cover the tea canister，and place it back to its original position.

④温玻璃杯：向玻璃杯中注入少量热水，水量约为杯身的1/3。手持杯底，缓慢旋转使杯中上下温度一致，然后将温杯水倒入水盂中。

Warm up the glass cup: Fill the glass with hot water for about one-third full. Hold the bottom of the glass and rotate it slowly to ensure the water temperature in the entire cup the same. Then dump the water into the slop basin.

⑤投茶：用茶匙将茶荷中的干茶轻轻分拨入玻璃杯中。一般的茶水比例为1：50，即1克茶50毫升水，每杯用茶叶2～3克。

Add the dry tea into the glass: Gently remove the dry tea from the tea holder into the glass with a teaspoon. The regular tea-to-water ratio is 1：50, meaning 1 gram of tea for 50 ml of water. So, 2 to 3 grams of dry tea should be placed in each glass.

⑥浸润泡（润茶）：以回旋手法向玻璃杯内注入少量热水，约杯身容量的1/3。

Soak the tea: With a hand rotating technique, pour a small amount of hot water into the glass, filling it about one-third full.

⑦摇香：左手托住茶杯杯底，右手轻握杯身基部，运用右手手腕逆时针转动茶杯，左手轻轻旋转杯身进行醒茶，这时杯中开始散发出香气。

Rotate for creating tea aroma: hold the bottom of the glass with the left hand and gently grasp the glass body with the right hand. Rotate the glass counterclockwise with your right wrist so as to release the tea aroma. Soon, a fragrance began to emanate from the glass.

⑧冲泡：右手执水壶，高提水壶，让水直泻而下。利用手腕的力量，上下提拉注水，使用“凤凰三点头”或一次定点冲泡的方法，让茶叶在杯中上下翻动，注水至七分满。

Brew the tea: Lift the kettle high and pour the water straightly down. Then with the Phoenix-nods-three-times technique or one-time fixed-point-water-injection method, use the power of the wrist to pull the kettle up and down to repeatedly pour water into the teapot. Keep the water flowing continuously to make the tea flip up and down in the glass. Fill with water to seven-tenths full.

⑨奉茶：先端盘，再起身。左脚向左一步，右脚并拢，左脚后退一步，右脚并上，端盘至品茗者，双手将泡好的茶依次敬给来宾。奉茶时行伸掌礼并说“请用茶”。

Serve the tea: Pick up the tray and stand up. Take a step left with the left foot first, and then bring the right foot together. Take another step back with the left foot and then move the right foot together. Serve the tea to the guests one by one. Invite guests to taste tea with the stretched right palm, saying “Please enjoy”.

⑩收具：从左至右收具，器具按“原路”放回，即“先布之具后收，后布先收”的原则将茶具归位，放回至茶盘原来的位置。

Collect the utensils: Collect the utensils from left to right and put them back to their original places, following the principle of “the first set-down, should be cleaned last, and the last set-down, should be cleaned first”.

红茶冲泡实训任务 Training Task of Making Black Tea

（1）实训安排（Training Arrangement）

学生通过本项目实训，掌握用盖碗冲泡红茶的方法及技艺。

Enable students to master the methods and skills of making black tea with Gaiwan through practical training in this project.

（2）实训地点及器具（Training Places and Utensils）

①地点：茶艺实操实训室。

Place: tea ceremony training rooms.

②茶具：盖碗、品茗杯、杯垫、随手泡、水盂、茶叶罐、茶道组、茶巾、茶荷、茶盘。

Utensil: Gaiwan, tea tasting cups, saucer, electric kettle，slop basin, tea canister, tea ceremony set, tea towel, tea holder, tea board.

③茶叶：正山小种、英红九号、滇红工夫。

Dry tea: Lapsang Sauchong， Yingde black tea No.9，Dianhong Kungfu.

（3）实训时间（Training Time）

2课时。

2 periods.

（4）实训要求（Training Requirements）

①让学生学会根据红茶的品质特点选择冲泡的方法。

Master the skill of choosing proper methods to make black tea according to the characteristics of different black tea.

②掌握红茶盖碗冲泡的操作规范和技巧。

Master the procedures and skills of making black tea with Gaiwan.

③能够进行红茶盖碗冲泡的茶艺演示。

Be able to conduct tea ceremony demonstration of making black tea with Gaiwan.

（5）实训方法及步骤（Training Methods and Steps）

①教师讲解及示范用盖碗冲泡红茶的基本方法及步骤要求。

The teacher explains and demonstrates the basic methods and steps of making black tea with a Gaiwan.

②学生分组练习冲泡。

Students practice in groups.

③学生分组边练边用手机全程记录练习冲泡的过程。

Students record the whole process with their cell phones while practicing.

④学生小组进行茶艺展示，由教师进行指导与点评总结。

The student groups show tea ceremony, and the teacher gives guidance and comments.

⑤学生课下填写和完成实训报告。

Students complete the training reports after class.

（6）冲泡主要步骤和流程（The Main Steps and Procedures of Making Black Tea）

备具行礼→布具→取茶→赏茶→温具（温盖碗、温公道杯）→投茶→浸润泡→摇香→冲泡→温品茗杯→出汤→分茶→奉茶→收具。

Prepare the utensils and salute to guests→lay out the utensils→take out the dry tea→appreciate the dry tea→warm up the utensils (including the Gaiwan and the fair mug)→place the dry tea in the teapot →soak the tea→rotate for creating tea aroma→brew the tea→warm up the tea tasting cups→pour out the tea soup→share the tea soup→serve the tea→collect the utensils.

①备具：将冲泡红茶所需的器物整齐、有条理地摆放在桌面或茶盘内。

Prepare the utensils: prepare all the needed utensils. Put them in order on the table or on the tea board.

②布具：从右至左布置茶具。从远至近地将品茗杯依次翻上。

Lay out the utensils: set all the utensils down. Flip the tea tasting cups one by one from far to near.

③取茶：从茶叶罐中取适量红茶，用茶匙从茶叶罐中拨适量的红茶到茶荷中。

Take out the dry tea: take an appropriate amount of black tea from the canister and put the tea on the tea holder with a teaspoon.

④赏茶：双手托茶荷，手臂呈放松的弧形，腰带着身体从右至左向来宾展示茶叶。请嘉宾欣赏茶叶的外形、色泽、香气。

Appreciate the dry tea: hold the tea holder with two hands. Relax the arms into an arc. Move the upper body by the waist. Display dry tea to guests from right to left. Invite the guests to appreciate the shape, color, and aroma.

⑤温盖碗：向壶中注入烧沸的开水温盖碗，提壶注水约1/3碗，之后将水壶放回原处。温碗后将水倒入水盂中。

Warm up the Gaiwan: pour boiling water into the Gaiwan by about one-third of the amount. And then put the kettle back to its original place. Dump the water into the slop basin after the warming-up.

⑥温公道杯：向公道杯注水至六分满，温公道杯。

Warm the fair mug: fill and warm the fair mug with 60% water. Then pour the water from the fair mug to the tea cup.

⑦投茶：用茶匙将茶荷中的红茶投放盖碗中，通常150毫升容量的盖碗投茶2～3克。具体还应根据干茶的特点及客人的喜好进行调整。

Place the dry tea in the teapot: remove the black tea in the tea holder with a tea spoon and put it into the Gaiwan. Normally, place 2 to 3 grams of black tea into a 150ml Gaiwan. The amount of the tea should be adjusted according to the features of the dry tea and guests' preferences.

⑧浸润茶：右手提壶，转动手腕逆时针注水至1/4盖碗。

Soak the tea: hold the kettle with the right hand. Rotate the right wrist counterclockwise and pour the water into the Gaiwan until it is about a quarter full.

⑨摇香（醒茶）：捧起盖碗，慢速逆时针旋转一圈，又快速旋转两圈，盖碗复回原位。

Rotate for creating tea aroma（wake up the tea）: hold the Gaiwan. Make a slow counter-clockwise rotation. Then quickly swirl it twice. Put the Gaiwan to its original place.

⑩冲泡：开盖，向盖碗定点冲泡至七分满。

Brew the tea: uncover the lid. Pour water at a fixed point into the Gaiwan until it is seven tenths full.

⑪温杯：温品茗杯，依次温品茗杯，把温杯的水倒入水盂中。

Warm the tea cup: warm the cup one by one and pour the water from the cup into the slop basin.

⑫出汤：盖碗左边留出一条缝隙，将茶汤倒入公道杯。

Pour out the tea soup: Leave a small gap between the lid and the bowl on the left side and pour the tea soup into the fair mug.

⑬分茶：将公道杯中的茶汤依次低斟茶分到品茗杯中，至七分满。

Share the tea: share the tea from the fair mug into the tea tasting cups one by one and keep the tea in each cup with 70% full.

⑭奉茶：移出小茶盘中的盖碗和公道杯，将盘中的品茗杯摆成“品”字形，先端盘，再起身，转身右脚开步，向品茗者奉茶。

Serve the tea: take the Gaiwan and the fair mug out of the tea board. Arrange the tea tasting cups into the shape of a Chinese character “品”. Hold the tray and stand up. Turn around. Take a step with the right foot and then serve the tea to the guests.

⑮收具：从左至右收具，最后移出的器具最先收回，所有器具按“原路”摆放整理好。

Collect the Utensils: take back utensils from the left to the right. The utensil set down last should be collected first. All utensils should be returned to their original positions.

乌龙茶冲泡实训任务
Training Task of Making Oolong Tea

（1）实训安排（Training Arrangement）

乌龙茶双杯冲泡法：学生通过本项目实训，掌握紫砂壶冲泡乌龙茶的方法及技艺。

Techniques for making oolong tea with a Yixing clay teapot（redware ceramic teapot）: master the methods and techniques of making oolong tea with a Yixing clay teapot by taking the training of this project.

（2）实训地点及器具（Training Places and Utensils）

①地点：茶艺实操实训室。

Place: tea ceremony training rooms.

②器具：紫砂壶、品茗杯、闻香杯、随手泡、杯垫、茶叶罐、茶道组、茶巾、茶荷、双层茶盘。

Utensil: Yixing clay teapot, tea tasting cup, aroma smelling cup, electric kettle, saucer, tea canister, tea ceremony set, tea towel, tea holder, Double-layered tea board.

③茶叶：铁观音、武夷岩茶、凤凰单丛。

Dry tea: Tieguanyin, Wuyiyan Tea, Phoenix Dancong Tea.

（3）实训时间（Training Time）

2课时。

2 periods.

（4）实训要求（Training Requirements）

①掌握乌龙茶用紫砂冲泡的基本流程。

Master the basic process of making oolong tea with a Yixing clay teapot.

②掌握紫砂壶双杯冲泡的方法与技巧。

Master the technique of making oolong tea using two cups simultaneously.

③能够进行乌龙茶紫砂壶冲泡的茶艺演示。

Be able to demonstrate the tea ceremony of making oolong tea with a Yixing clay teapot.

（5）实训方法及步骤（Training Methods and Steps）

①教师讲解及示范用紫砂壶冲泡乌龙茶的基本方法及步骤要求。

The teacher explains and demonstrates the basic methods and steps of making oolong tea in a Yixing clay teapot.

②学生分组练习冲泡。

Students practice in groups.

③学生分组边练边用手机全程记录练习冲泡的过程。

Students record the whole process with their cell phones while practicing.

④学生小组进行茶艺展示，由教师进行指导与点评总结。

The student groups show tea ceremony, and the teacher gives guidance and comments.

⑤学生课下填写和完成实训报告。

Students complete a training report after class.

（6）冲泡主要步骤和流程（Main Steps and Procedures of Making Oolong Tea）

备具行礼→布具→翻杯→取茶→赏茶→温壶→投茶（置茶）→浸润泡→倒茶→再次冲泡→淋壶→温品茗杯→分茶（“关公巡城”→“韩信点兵”）→扭转乾坤→奉茶→收具。

Prepare the tea set then salute to guests→lay out the tea set→flip the cups→take out the dry tea→appreciate the dry tea→warm up the teapot→place the tea in the teapot→soak the tea→pour the tea→brew the tea→rinse the teapot→warm up tea tasting cup→share the tea（Guan'gong Xun Cheng traditionally known as Guanggong inspects the city→Han Xin Dian Bin traditionally known as Hanxin counts soldiers）→Niu Zhuan Qian Kun（turn the tea tasting cup upside down and put it on the aroma smelling cups, and then reverse them together）→serve the tea→collect the utensils.

①布具：从右至左把茶盘中的茶具合理摆放好。

Lay out the tea set：place the tea set properly from right to left on the tea board.

②翻杯：把倒扣在茶盘中的闻香杯和品茗杯依次翻上，并摆放好。

Flip the cups: flip over each aroma smelling cups and tea tasting cups on the tea board and put them in order.

③取茶：将茶叶罐捧于胸前，开盖，用茶匙从茶叶罐中取出适量的茶叶拨入茶荷。

Take out the dry tea: hold the tea canister to the chest and uncover the lid. Take an appropriate amount of dry tea out from the tea canister and put them on the tea holder with a teaspoon.

④赏茶：以腰带动上身，从右向左向客人展示茶叶。

Appreciate the dry tea: move the upper body by the waist and show the dry tea to the guests from the right side to the left side.

⑤温壶：提水壶并打开紫砂壶盖，向壶中注入热水，然后温热紫砂壶。温壶的水依次倒入闻香杯和品茗杯，水量约为1/2杯。

Warm up the teapot: uncover the lid of the Yixing clay teapot and pour hot water in it for preheating. Remove the hot water from the teapot to the aroma smelling cups and tea tasting cups. The volume of water poured into cups is about half a cup.

⑥置茶：打开茶壶盖，将茶荷中的茶叶用茶匙拨入壶中。

Place the dry tea in the teapot: open the lid of the teapot. Transfer dry tea from the tea holder to the teapot with a tea spoon.

⑦浸润泡：提壶高冲，向壶中注入热水，水至壶面，以利用刮沫去除茶沫。

Soak the tea: lift the kettle in a high position and pour hot water into the teapot until it is full. Then skim off the tea froth.

⑧倒茶：将浸润泡茶水倒入茶盘中。

Pour out the tea soup: pour the soaked tea soup into the tea board.

⑨再次冲泡：向紫砂壶中再次注入热水。

Brew again: pour hot water into the Yixing clay teapot again.

⑩淋壶：先端两边的闻香杯淋茶壶，再端中间的闻香杯再次淋茶壶，使壶身内外温度升高，避免紫砂壶内热气快速散失，同时可以清除黏附在壶外的茶沫。

Rinse the teapot: rinse the teapot with water from the aroma smelling cups on both sides. Then make the water of the middle cup flow over the teapot. This can increase the external temperature of the teapot to avoid rapid loss of heat inside the teapot, while also washing off the tea froth on the surface of the teapot.

⑪温品茗杯：拿起右上角第一个茶杯，放入第二个茶杯，大拇指向外拨动，转动品茗杯温烫（滚杯），取出，沥净水，放回原位。

Warm up the tea tasting cups: pick up the first tasting cup in the right corner and place it sideways on the second cup. Roll the first one gently with the thumb and then take it out. Make it empty and put it back to its original place.

⑫分汤、提茶壶：将茶汤注入闻香杯中。分三巡分汤，可以使用“关公巡城”“韩信点兵”的方法。以“扭转乾坤”的手法将闻香杯和品茗杯翻转过来。

Share the tea soup and lift the teapot: pour the tea soup three times. Divide the tea soup into the aroma smelling cups with the skill of Guan'gong Xun Cheng and Hanxin Dian Bing. Invert each tea tasting cup and put it onto its corresponding aroma smelling cup. Then reverse each set of cups together with the skill of Niu Zhuan Qian Kun.

⑬奉茶：双手敬奉，右手行伸掌礼，微笑说“您好，请用茶”或“请品茶”。

Serve the tea: serve the tea to the guests with two hands. Respectfully invite guests to enjoy tea with a stretched right palm. Smile and say “Please enjoy the tea”.

⑭收具：从左至右收具，最后移出的器具，最先收回，并放回至茶盘原来的位置上。

Collect the utensils: take back utensils from the left to the right. The utensil set down last should be collected first. All utensils should be returned to their original positions on the tea board.

潮州工夫茶冲泡实训任务
Training Task of Making Chaozhou Kungfu Tea

（1）实训安排（Training Arrangement）

学生通过本项目实训，掌握潮州工夫茶冲泡的方法及技艺。

Enable students to master the methods and techniques of making Chaozhou Kungfu tea through practical training in this project.

（2）实训地点及器具（Training Places and Utensils）

①地点：茶艺实操实训室。

Place: tea ceremony training rooms.

②器具：朱泥壶（紫砂壶）、壶承、盖置、素纸（茶荷）、茶叶罐、茶巾、随手

泡、紫砂（朱泥）茶船、品茗杯。

Utensil: Yixing clay teapot（redware ceramic teapot）, hucheng (teapot holder), gaizhi（lid saucer）, plain paper(tea holder), tea canister, tea towel, electric kettle, Yixing clay teapot (redware ceramic teapot) tray, Tea tasting cup.

③茶叶：凤凰单丛。

Dry tea: Phoenix Dancong Tea.

（3）实训时间（Training Time）

2课时。

2 periods.

（4）实训要求（Training Requirements）

①掌握潮州工夫茶冲泡的规范操作流程。

Master the procedures of making Chaozhou Kungfu Tea.

②掌握紫砂壶（朱泥壶）冲泡潮州凤凰单丛茶的方法与动作要领。

Master the method and action essentials of making Chaozhou Phoenix Dancong Tea with a Yixing clay teapot.

③能够进行潮州工夫茶冲泡的茶艺演示。

Be able to demonstrate the tea ceremony of making Chaozhou Kungfu Tea.

（5）实训方法及步骤（Training Methods and Steps）

①教师讲解及示范用紫砂壶冲泡潮州凤凰单丛茶的基本方法及步骤要求。

The teacher explains and demonstrates the basic methods and steps of making Chaozhou Phoenix Dancong Tea with a Yixing clay teapot.

②学生分组练习冲泡。

Students practice in groups.

③学生分组边练边用手机全程记录练习冲泡的过程。

Students record the whole process with their cell phones while practicing.

④学生小组进行茶艺展示，由教师进行指导与点评总结。

The student groups show tea ceremony, and the teacher gives guidance and comments.

（6）冲泡主要步骤和流程（Main Steps and Procedures of Making Phoenix Dangcong Tea）

备具行礼→取茶→赏茶→温壶→（温壶的水温杯）温杯→纳茶→润茶（高注）→刮沫→滚杯→高冲→滚杯→低斟（“关公巡城”）→点茶（“韩信点兵”）→请茶→闻香→啜味→品韵→谢宾。

Prepare the tea set then salute to guests→take out the dry tea→appreciate the dry tea→warm up the teapot→warm the cups with the water in the teapot→place the tea in the teapot→soak the tea by pouring boiling water into the teapot from a height→skim off the froth→wash and roll the cups→brew the tea by pouring boiling water into the teapot from a height→wash and roll the cups again→pour the tea into the cups at a low point and share the tea（Guan'gong Xun Cheng）→Dripping the tea into each cup （Hanxin Dian Bing）→respectfully invite guests to enjoy the tea→smell the aroma of the tea→taste the tea→empty the tea and smell the aroma→thank the guests.

①备具：将器具摆放在相应位置上，茶杯呈“品”字摆放。

Prepare the tea set: place the tea set in the appropriate position. The tea cups are placed in the shape of the Chinese character“品”.

②取茶：所用素纸为绵纸，适合炙茶提香，倒茶叶于素纸上。

Take out the dry tea: put the dry tea onto the plain paper. The plain paper is made of cotton which is suitable for warming the tea and extracting its aroma.

③赏茶：以腰带动上身，从右向左向客人展示茶叶。

Appreciate the dry tea: move the upper body by the waist and display the tea to guests from right to left for their appreciation.

④温壶：注水入壶，淋盖温壶。温壶，提升壶体温度。

Warm up the teapot: pour boiling water into the teapot to raise its temperature. Water the lid.

⑤温杯（滚杯）：热盏滚杯，滚杯要快速轻巧，轻转一圈后，并将杯中余水点尽。

Warm the cups with the water in the teapot: Warm the cups with the water in the teapot. Roll the cups quickly and lightly. After a light spin, drain the remaining water in the cups.

⑥纳茶：用茶量以茶壶大小为准，将茶叶投入壶中，约占茶壶容量八成为宜。

Place the dry tea in the teapot: determine the amount of dry tea to use according to the size of the teapot. Put the dry tea into the teapot. About 80% of the capacity of the teapot is appropriate.

⑦润茶：将沸水沿壶口低注一圈后，提拉砂铫，快速往壶口冲入沸水，到水满溢出。

Soak the tea: pour boiling water along the spout of the teapot. Lift the Shadiao（a kind of kettle in Chaozhou）and rapidly pour boiling water into the teapot until it overflows.

⑧刮沫：高注沸水入壶，使水满溢出。提壶盖将茶沫轻轻旋刮，盖定，再用沸水淋于盖上。

Skim off the froth: pour boiling water into the teapot from a height until it overflows. Gently skim off the froth with the lid. Cover the teapot and then water the lid.

⑨高冲：将沸水沿壶口内缘定位高冲，注入沸水，高注有利于起香。

Brew the tea by pouring boiling water into the teapot from a height: Pour boiling water from a height into the teapot along the inner edge of the spout. This is good for releasing the tea aroma.

⑩滚杯：用沸水依次烫洗茶杯，潮州工夫茶讲究茶汤温度，再次热盖滚杯必不可少。

Wash and roll the cups: Chaozhou Kongfu Tea pays attention to the temperature of the tea soup. Wash the cups in turn with boiling water. It is essential to reheat the lid and roll the cups again in boiling water.

⑪低斟（洒茶）：每一个茶杯如一个“城门”，斟茶过程中，每到一个“城门”，需稍稍停留，注意每杯茶汤的水量和色泽，三杯轮匀，称“关公巡城”。

Pour the tea: each cup is like a “city gate”. In the process of pouring tea, it is necessary to stop for a moment at each “city gate” so as to observe the amount and the color of the tea soup in each cup. The tea soup of three cups should be evenly distributed. This process was called Guan’gong Xun Cheng.

⑫点茶：点滴茶汤主要是调节每杯茶的浓淡程度，手法要稳、准、匀，必使余沥全尽，称“韩信点兵”。

Dripping the tea into each cup: dripping the tea into each cup is mainly to adjust the intensity of the tea soup. The technique should be stable, accurate, and keep the amount of the tea soup in each cup the same. This process is called “Han Xin Dian Bing”.

⑬请茶：伸掌礼，敬请嘉宾品茗。

Respectfully invite guests to enjoy the tea: respectfully invite guests to enjoy the tea with a stretched right palm.

⑭闻香：先闻茶汤香气，再饮茶。

Smell the aroma: smell the aroma of the tea soup before tasting it.

⑮啜味：分三口啜品。第一口为喝，第二口为饮，第三口为品。

Taste the tea: enjoy the tea in three steps. Sip, drink, then taste.

⑯品韵：将杯中余下茶汤倒入茶洗，点尽，饮茶完毕三嗅杯底。

Smell the aroma of the tea: pour out the rest of the tea soup into the tea board. After drinking tea, smell the aroma of tea at the bottom of the cup for three times.

⑰谢嘉宾：茶事毕，微笑并向品茗者行礼。

Thank the guests: smile and bow to the guests for thankfulness when finishing the whole process.

学习项目6

茶艺2

知识目标

1.了解黑茶的冲泡要点。

2.了解黄茶的冲泡要点。

3.了解白茶的冲泡要点。

技能目标

1.掌握黑茶、黄茶、白茶的冲泡技艺。

2.能根据黑茶、黄茶、白茶的品质特点正确选配茶具。

德育目标

在茶艺操作中选择茶具很重要，通过让学生学会根据不同茶类选择合适的茶具，引导学生自主学习并达到专业水准。

任务引入

中国茶叶品种繁多，根据茶叶制作工艺方法和茶多酚氧化（发酵）程度的不同，可将其分为六大类：绿茶（不发酵）、白茶（轻微发酵）、黄茶（轻发酵）、乌龙茶即青茶（半发酵）、红茶（全发酵）、黑茶（后发酵）。六大茶类，各有特色，冲泡方法也不尽一样，选用的茶具也可以不同，用对了方法，才能品尝到每一类茶独特而纯正的滋味。因茶制宜，这是对每种茶最好的尊重。因此，学习茶艺就需要了解泡好每种茶的技艺和方法。

任务1 黑茶茶艺

黑茶在后发酵和储存的过程中，可能会产生一些陈旧的气味。因此，冲泡的方法和选配的茶具也有所讲究。冲泡时第一泡茶汤不喝，称为“醒茶”，从第二泡才开始饮用；醒茶时需快速出汤，第二、第三泡可适当闷10秒再出汤，也有的黑茶需要两次“醒茶”，具体需要根据茶叶的品质特点调整方法。

6.1.1 黑茶冲泡实训任务

（1）实训安排

学生通过本项目实训，掌握紫砂壶冲泡黑茶的方法及技艺。

（2）实训地点及器具

①地点：茶艺实操实训室。

②器具：紫砂壶、壶承、盖置、茶荷、茶叶罐、茶巾、茶道组、随时泡、品茗杯、杯垫、宫廷普洱。

（3）实训时间

2课时。

（4）实训要求

①掌握普洱茶用紫砂冲泡的基本流程。

②掌握用紫砂壶冲泡普洱茶的方法与技巧。

③能够进行黑茶紫砂壶冲泡的茶艺演示。

（5）实训方法及步骤

①教师讲解及示范用紫砂壶冲泡普洱茶的基本方法及步骤要求。

②学生分组练习冲泡。

③学生分组边练边用手机全程记录练习冲泡的过程。

④学生小组进行茶艺展示，由教师进行指导与点评总结。

（6）冲泡主要步骤和流程

备具行礼→布具→取茶→赏茶→温壶温具→投茶→润茶（醒茶）→冲泡→温杯→分茶→奉茶→收具。

（7）实训活动评价方法

实训活动评价方法见表6.1。

表6.1　黑茶茶艺实训活动评价方法

序号	项目内容	评价标准	配分 / 分	得分 / 分
1	仪态礼仪	坐姿端正，仪态端庄大方	10	
2	布具	物品齐全，摆放有序	10	
3	赏茶	动作轻柔大方，动作规范	10	
4	烫壶温杯	手法正确，动作规范	10	
5	投茶	投茶量合适，动作规范、干茶不掉	10	
6	冲泡	手法顺畅，冲泡动作规范	10	
7	分茶	茶汤均匀，至杯中七分满	10	
8	奉茶	依次奉茶，使用礼貌用语及行伸掌礼	10	
9	品茶	持杯手法正确，姿势大方	10	
10	收具	茶具有序归位，摆放整齐	10	
总分			100	
小组组别及成员姓名：			时间：	
评价教师（人员）：				

6.1.2　冲泡器皿的选择

黑茶是紧压茶，原料比较粗老，冲泡时候需要使用沸水，紫砂壶、瓷质壶、铁壶、土陶工艺壶、盖碗都是比较适合冲泡黑茶的茶具。紫砂壶冲泡黑茶不易走味，能较好体现该茶的特性，紫砂壶有良好的透气性和吸附作用，有利于提高黑茶的醇度和茶汤亮度；用盖碗冲泡则不易吸味，散热快，能泡出黑茶的真实口感，同时便于观察茶叶的外形和茶汤。因此，紫砂壶和瓷质盖碗都是冲泡黑茶的较好选择。一般而言，普洱茶散茶选用盖碗冲泡，如果是紧压的普洱茶宜选用壶泡法。

6.1.3　冲泡要点

①冲泡水温：黑茶的水温要因茶而异，由于茶叶比较粗老，一般水温都在95 ℃以上。如果是高档茶芽做成的普洱茶（如新制的宫廷普洱），应适当降低水温。

②冲泡次数：一般冲泡次数为6泡以上，紧压茶冲泡的次数则更多。

③冲泡茶水比例：普洱茶一般在1∶30～1∶40，投茶量5～10克。冲泡金尖、康砖和茯砖等原料粗老的紧压茶可以用煮茶法。

④冲泡时间：陈茶和粗茶浸泡的时间需要长一些，新茶和细腻的茶浸泡时间要稍微缩短一些；紧压茶冲泡时浸泡时间要长些，散茶的浸泡时间要短。冲泡黑茶时一般第一泡20～40秒，第二泡10～20秒，第三泡与第二泡相近，每次冲泡的时间在前面的基础上要延长10～20秒。在具体冲泡时，还是需要看茶叶的粗老及紧松情况而调整时间。

6.1.4 黑茶生活茶艺演示（以广西六堡茶为例）

（1）茶具配置

紫砂壶、壶承、盖置、茶荷、茶叶罐、茶巾、茶道组、随手泡、品茗杯、杯垫、广西六堡茶。

（2）冲泡流程（适用于生活茶艺）

备具行礼→布具→取茶→赏茶→温壶温具→投茶→润茶（醒茶）→冲泡→温杯→分茶→奉茶→收具。

（3）步骤与技巧

①备茶、备水：准备好冲泡的六堡茶和水。

②布具：依次翻杯使茶杯口朝上。

③取茶：从茶叶罐中取适量普洱茶，用茶匙将茶荷中的茶叶拨入紫砂壶中。

④赏茶：双手托茶荷，以腰带动上身，从右至左向来宾展示茶叶。

⑤温具：提水壶注水，依次温紫砂壶、公道杯，公道杯温杯后将热水注入品茗杯中，如有多余的热水，弃于水盂中。

⑥投茶：将适量的茶投入紫砂壶中。

⑦润茶：打开紫砂壶，将壶盖置于盖置上，紫砂壶中注入沸水约半壶，并将茶汤迅速弃于水盂中。

⑧冲泡：持壶第二次向壶中冲入沸水，水满至壶口，刮去浮沫，盖上壶盖。

⑨温杯：拿起已注有热水的品茗杯，依次温每个品茗杯。

⑩出汤：持紫砂壶将茶汤倒入公道杯中，倒净壶中的茶汤。

⑪分茶：将公道杯中的茶汤分到每个品茗杯中，约品茗杯的七分满。

⑫奉茶：双手把茶敬奉给客人品茗。行伸掌礼，微笑说“您好，请用茶”。

⑬收具：冲泡完毕，将所用茶具依次放回原位，摆放整齐。

图示步骤如图6.1—图6.11所示。

图6.1　布具

图6.2　赏茶

图6.3　温壶

图6.4　温公道杯

图6.5　投茶

图6.6　润茶（醒茶）

图6.7　冲泡

图6.8　温品茗杯

图6.9　出汤

图6.10　分茶

图6.11　奉茶

黑茶茶艺
演示

任务2　黄茶茶艺

黄茶在加工过程中，经轻微发酵闷黄后，形成黄茶“黄汤黄叶”的品质特征。作为一个独特的茶类，黄茶茶性偏于温和，甜香宜人，有独特的韵味。黄茶在外形上和绿茶有相似之处，茶叶新鲜，绿色中带有淡淡的金黄色。

黄茶按鲜叶老嫩、芽叶大小又分为黄芽茶、黄小茶和黄大茶。黄芽茶主要有君山银针、蒙顶黄芽和霍山黄芽、远安黄茶。沩山毛尖、平阳黄汤、雅安黄茶等均属黄小茶。黄芽茶在冲泡方法上与绿茶的冲泡基本相同，同样可以选用盖碗或者玻璃杯冲泡的方法。

6.2.1　黄茶冲泡实训任务

（1）实训安排

学生通过本项目实训，掌握玻璃杯冲泡黄茶的方法及技艺。

（2）实训地点及器具

①地点：茶艺实操实训室。

②器具：玻璃杯（三个）、随手泡、水盂、茶叶罐、茶道组、茶巾、茶荷、茶盘。

③茶叶：君山银针、霍山黄芽。

（3）实训时间

2课时。

（4）实训要求

①能够根据黄茶的品质特点选择冲泡的方法。

②掌握黄茶玻璃杯冲泡的操作规范和技巧。

③能够进行黄茶玻璃杯冲泡的茶艺演示。

（5）实训方法及步骤

①教师讲解及示范用玻璃杯冲泡黄茶的基本方法与步骤要求。

②学生分组练习冲泡。

③学生分组边练边用手机全程记录练习冲泡的过程。

④学生小组进行茶艺展示，由教师进行指导与点评总结。

（6）冲泡主要步骤和流程

备具行礼→布具→取茶→赏茶→温杯→投茶→润茶→摇香→冲泡（使用“凤凰三点头”的技法）→奉茶→收具。

（7）实训活动评价方法

实训活动评价方法见表6.2。

表6.2　黄茶茶艺实训活动评价方法

序号	项目内容	评价标准	配分/分	得分/分
1	仪态礼仪	坐姿端正，仪态端庄大方	5	
2	布具	物品齐全，摆放有序	5	
3	赏茶	动作轻柔大方，动作规范	10	

续表

序号	项目内容	评价标准	配分 / 分	得分 / 分
4	温杯洁具	手法正确，动作规范	10	
5	投茶	投茶量合适，动作规范、干茶不掉	10	
6	温润泡、摇香	注水量合适，手法正确，动作适度	10	
7	冲泡	手法顺畅，能运用“凤凰三点头”的冲泡方法，冲水量合适	10	
8	分茶	茶汤均匀，至杯中七分满	10	
9	奉茶	依次奉茶，使用礼貌用语及行伸掌礼	10	
10	品茶	持杯手法正确，姿势大方	10	
11	收具	茶具有序归位，摆放整齐	10	
总分			100	
小组组别及成员姓名：			时间：	
评价教师（人员）：				

6.2.2 冲泡器皿的选择

高档的黄茶外形具有较好的观赏性，如君山银针、蒙顶黄芽等。一般使用透明玻璃杯或者白瓷盖碗冲泡效果更好。由于黄茶与绿茶外形及制作工艺较接近，在选择器皿方面也与绿茶相近，如透明玻璃杯、瓷质盖碗、透明盖杯、白瓷茶具都是合适搭配的选择。

6.2.3 冲泡要点

①冲泡水温：黄茶因茶叶的品种、老嫩及外形的不同而水温及投茶方法有所不同。细嫩的黄茶水温一般在75～85 ℃，如名优黄茶君山银针、蒙顶黄芽、霍山黄芽等细嫩的茶叶。茶叶越嫩，水温应越低。如一般的黄茶水温控制在80～90 ℃，如水温过高，容易烫熟茶叶，茶汤变深，滋味苦涩。

②冲泡次数：一般2～3泡。细嫩的黄茶如冲泡的次数多，则茶汤滋味淡。

③茶水比例：1∶30～1∶40。

④冲泡时间：如用玻璃杯冲泡，一般一泡在3～5分钟，方法参照绿茶玻璃杯冲泡。

6.2.4　黄茶生活茶艺演示（以君山银针为例）

（1）茶具配置

玻璃杯（三只）、茶荷、茶巾、茶匙、水盂、随手泡、茶盘、君山银针。

（2）冲泡流程（适用于生活茶艺）

备具行礼→布具→取茶→赏茶→温杯→投茶→润茶→摇香→冲泡（使用“凤凰三点头”的技法）→奉茶→收具。

（3）步骤与技巧

①备具行礼：准备好茶与水，入座后行礼。

②布具：从右至左依次将茶具有序摆放好。

③取茶：从茶叶罐中取约3克君山银针投入茶荷。

④赏茶：双手托茶荷，手臂呈放松的弧形，腰带着身体以从右至左的顺序请宾客欣赏。

⑤温杯：向玻璃杯中注入少量热水，水量约为杯身的1/3。手持杯底，缓慢旋转使杯中上下温度一致，然后将温杯水倒入水盂中。

⑥投茶：用茶匙轻柔将茶荷中的干茶分别投入各玻璃杯中，通常茶水比例为1：50～1：60，即每杯用茶2～3克，具体还应根据干茶的特点及客人的喜好进行调整。

⑦温润泡：以回旋手法向玻璃杯内注入少量热水，约杯身容量的1/3。润泡时间为20～60秒，可根据茶叶的紧接程度而定。

⑧摇香：左手托住茶杯杯底，右手轻握杯身基部，运用右手手腕逆时针转动茶杯，左手轻轻旋转杯身进行醒茶。

⑨冲泡：采用“凤凰三点头”或一次定点冲泡的方法，冲水时手持水壶有节奏地三起三落而水流不断，让茶叶在杯中上下翻动，注水至七分满。

⑩奉茶：双手向宾客奉茶，行伸掌礼并说“请用茶”。

⑪品饮：先观赏玻璃杯中君山银针的汤色，接着嗅闻茶汤香气，再小口细品茶汤滋味。

⑫收具：按照“先布后收与后布先收”的原则收具，器具按“原路”放回，最后收置至茶盘中。

黄茶的冲泡

图示步骤如图6.12—图6.20所示。

图6.12　备具行礼

图6.13　布具

图6.14　赏茶

图6.15　温杯

图6.16　投茶

图6.17　润茶

图6.18　摇香

图6.19　冲泡

图6.20　奉茶

任务3　白茶茶艺

白茶因未经揉捻，茶汤很难浸出，故汤色和滋味均较清淡；名优白茶以有毫香而闻名。冲泡白茶时可使用白瓷壶杯或内壁挂白釉的茶壶抑或反差较大的内壁有色的瓷器，以衬托颜色。

6.3.1　白茶冲泡实训任务

（1）实训安排

学生通过本项目实训，掌握瓷壶冲泡白茶的方法及技艺。

（2）实训地点及器具

①地点：茶艺实操实训室。

②器具：瓷壶、茶盅（公道杯）、随手泡、水盂、茶叶罐、茶道组、茶巾、茶荷、茶盘。

③茶叶：白毫银针、白牡丹。

（3）实训时间

2课时。

（4）实训要求

①掌握根据白茶的品质特点及等级选择冲泡的方法。

②掌握白茶瓷壶冲泡的操作规范和技巧。

③能够进行白茶瓷壶冲泡的茶艺演示。

（5）实训方法及步骤

①教师讲解及示范用瓷壶冲泡白茶的基本方法与步骤要求。

②学生分组练习冲泡。

③学生分组边练边用手机全程记录练习冲泡的过程。

④学生小组进行茶艺展示，由教师进行指导与点评总结。

（6）冲泡主要步骤和流程

备具行礼→布具→翻杯→取茶→赏茶→温壶温盅→投茶→温润泡→摇香→冲泡→温品茗杯→奉茶→品饮→收具。

（7）实训活动评价方法

实训活动评价方法见表6.3。

表6.3 白茶茶艺实训活动评价方法

序号	项目内容	评价标准	配分／分	得分／分
1	仪态礼仪	坐姿端正，仪态端庄大方	5	
2	布具	物品齐全，摆放有序	5	
3	赏茶	动作轻柔大方，动作规范	10	
4	温壶温杯	手法正确，动作规范	10	
5	投茶	投茶量合适，动作规范、干茶不掉	10	
6	温润泡、摇香	注水量合适，手法正确，动作适度	10	
7	冲泡	手法顺畅，能运用“凤凰三点头”的冲泡方法，冲水量合适	10	
8	分茶	茶汤均匀，至杯中七分满	10	
9	奉茶	依次奉茶，使用礼貌用语及行伸掌礼	10	
10	品饮	持杯手法正确，姿势大方。按“三龙护鼎”的手法端杯品茗	10	
11	收具	茶具有序归位，摆放整齐	10	
总分			100	
小组组别及成员姓名：			时间：	
评价教师（人员）：				

6.3.2 冲泡器皿的选择

高档的白茶与黄茶冲泡的方法相似，选用瓷器时，透明玻璃杯、瓷质盖碗、白瓷茶具都是好的选择，盖碗和壶泡法都是一般白茶常用的方法。

6.3.3 冲泡要点

①因茶叶的品种、老嫩及外形的不同，冲泡所选择的水温及投茶方法有所不同。细嫩有毫的白茶（白毫银针、白牡丹）一般水温在90 ℃以上，特别是白毫银针，冲泡时间较其他类稍长，水温可以在95 ℃左右。有些较粗老的白茶（寿眉）需要的水温要适当提高，而老白茶可以选用大壶煮饮。

②冲泡次数为2～3泡。细嫩的白茶冲泡的次数过多，茶汤则多没有滋味。

③茶水比例：一般5克茶叶加100毫升水。

④冲泡时间：如用玻璃杯冲泡，一般一泡在1～2分钟。

6.3.4 白茶生活茶艺（以白牡丹为例）

（1）茶具配置

白瓷壶、茶道组、茶叶罐、茶巾、随手泡、水盂、品茗杯、杯垫、白牡丹。

（2）冲泡流程（适用于生活茶艺）

备具行礼→布具→翻杯→取茶→赏茶→温壶温盅→投茶→温润泡→摇香→冲泡→温品茗杯→奉茶→品饮→收具。

（3）步骤与技巧

①备具：准备好所需器具。将水煮沸备用。

②布具：将备好的茶具从右至左有序摆放好。

③翻杯：从远至近地将品茗杯依次翻上。

④取茶：从茶叶罐中取适量白牡丹至茶荷。

⑤赏茶：双手托茶荷，手臂呈放松的弧形，腰带着身体以从右至左的顺序请来宾欣赏茶叶。

⑥温壶温盅：向瓷壶中注入烧沸的开水，提壶注水至约1/3，盖上壶盖，双手持壶按逆时针转一圈温壶后将水注入茶盅（公道杯），温盅后分别倒入各品茗杯中。

⑦投茶：用茶匙将茶荷中的白茶拨入瓷壶中。

⑧温润泡：以逆时针的方向，向壶中回旋注入约1/3热水，水量以浸没茶叶为宜。

⑨摇香：左手托住壶底，右手按住壶盖，用右手手腕逆时针旋转瓷壶一圈，让茶叶在壶中充分吸收水分，激发茶叶香气。

⑩冲泡：采用逆时针回旋手法向壶中定点注入热水，冲泡至壶八分满。

⑪温品茗杯：温品茗杯的方法与温壶的方法相同，逐一温品茗杯并将水倒入水盂中。

⑫分茶：将壶中的茶汤注入茶盅（公道杯），依次低斟茶分到品茗杯中至七分满。

⑬奉茶：双手向宾客奉茶，行伸掌礼并说“请用茶”。

图示步骤如图6.21—图6.33所示。

图6.21 备具

图6.22 布具

图6.23 赏茶

图6.24 温壶

图6.25 温盅

图6.26 投茶

图6.27 温润泡

图6.28 摇香

图6.29 冲泡

图6.30 温品茗杯

图6.31 出汤

图6.32 分茶

图6.33 奉茶

白茶瓷壶
冲泡法

课后思与练

1.在各种茶叶的冲泡程序中，（　　）是冲泡技巧中的三个基本要素。

A.茶具、茶叶品种、温壶　　　　B.置茶、温壶、冲泡

C.茶叶用量、壶温、浸泡时间　　　　D.茶叶用量、水温、浸泡时间

2.冲泡茶的过程中，（　　）动作是不规范的，不能体现茶艺师对宾客的敬意。

A.用杯托双手将茶奉到宾客面前　　　　B.用托盘双手将茶奉到客人面前

C.双手平稳奉茶　　　　D.奉茶时将茶汤溢出

3.在茶艺演示过程中冲泡茶叶的基本程序是：备器、煮水、备茶、温壶（杯）、置茶、冲泡、奉茶、（　　）。

A.送客　　　　B.收具　　　　C.奉茶点　　　　D.喝茶

4.在茶艺师泡茶时，（　　）的举止是不优雅的。

A.右手泡茶，左手自然平放在桌面上茶盘的边上

B.一手泡茶，另一只手自然放在操作台上

C.身体尽量不要倾斜

D.置茶时，为看清投茶量，把头低下来往壶内看

5. 95 ℃以上的水温适宜冲泡（　　）。

A.普洱茶　　　　B.紧压茶　　　　C.六安瓜片　　　　D.黄山毛峰

Project Six

Tea Ceremony 2

黑茶冲泡实训任务
Training Task of Making Dark Tea

（1）实训安排（Training Arrangement）

学生通过本项目实训，掌握紫砂壶冲泡黑茶的方法及技艺。

Master the methods and techniques of making dark tea with a Yixing clay teapot through this task.

（2）实训地点及器具（Training Places and Utensils）

①地点：茶艺实操实训室。

Place: tea ceremony training rooms.

②器具：紫砂壶、壶承、盖置、茶荷、茶叶罐、茶巾、茶道组、随手泡、品茗杯、杯垫。

Utensil: Yixing clay teapot, hucheng（teapot holder）, gaizhi（lid saucer）, tea holder, tea canister, tea towel, tea ceremony set, electric kettle, tea tasting cup, saucer.

③茶叶：广西六堡茶。

Dry tea: LIU-PAO Tea.

（3）实训时间（Training Time）

2课时。

2 periods.

（4）实训要求（Training Requirements）

①掌握普洱茶紫砂冲泡的基本流程。

Master the basic process of making Pu'er tea with a Yixing clay teapot.

②掌握紫砂壶冲泡普洱茶的方法与技巧。

Master the methods and skills of making Pu'er tea with a Yixing clay teapot.

③能够进行黑茶紫砂壶冲泡的茶艺演示。

Be able to demonstrate the tea ceremony of Pu'er tea brewing in a Yixing clay teapot.

（5）实训方法及步骤（Training Methods and Steps）

①教师讲解及示范用紫砂壶冲泡普洱茶的基本方法及步骤要求。

The teacher explains and demonstrates the basic methods and steps of making Pu'er tea with a Yixing clay teapot.

②学生分组练习冲泡。

Students practice in groups.

③学生分组边练边用手机全程记录练习冲泡的过程。

Students record the whole process with their cell phones while practicing.

④学生小组进行茶艺展示，由教师进行指导与点评总结。

The student groups show tea ceremony, and the teacher gives guidance and comments.

（6）冲泡主要步骤和流程（Main Steps and Procedures of Making the Dark Tea）

备具行礼→布具→取茶→赏茶→温壶温具→投茶→润茶（醒茶）→冲泡→温杯→分茶→奉茶→收具。

Prepare the tea set and salute to guests→lay out the tea set→take out the dry tea→appreciate the dry tea→warm up the utensils→place the dry tea in the teapot→soak the tea→brew the tea→warm up the cups→share the tea soup→serve the tea→collect the utensils.

①备具：准备好配套的茶具，入座后行鞠躬礼。

Prepare the tea set: prepare the tea set, take a seat and then salute to guests with a bow.

②布具：依次翻杯使茶杯口朝上。

Lay out the tea set: flip the cups one by one and make the cup face up.

③取茶：从茶叶罐中取适量普洱茶，用茶匙将茶荷中的茶叶拨入紫砂壶中。

Take out the dry tea: take an appropriate amount of Pu'er tea from the tea canister to the tea holder. Then use a teaspoon to transfer the tea from the tea holder into a Yixing clay teapot.

④赏茶：双手托茶荷，以腰带动上身，从右至左向来宾展示茶叶。

Appreciate the dry tea: hold the tea holder with two hands, move the upper body by the waist, display the dry tea to guests from right to left for their appreciation.

⑤温具：公道杯温杯后将热水注入品茗杯中，如有多余的热水倒入水盂中。

Warm the fair mug with hot water. then remove the water into the tea cup, pour the rest hot water into the slop basin.

⑥投茶：将适量的茶投入紫砂壶中。

Place the dry tea in the teapot: put an appropriate amount of dry tea into the Yixing clay teapot.

⑦润茶：打开紫砂壶，将壶盖置于盖置上，紫砂壶中注入沸水约半壶，并将茶汤迅速弃于水盂中。

Soak the tea: uncover the lid of the Yixing clay teapot and put it on the Hucheng, pour boiling water into the Yixing clay teapot for about half of its volume, then get rid of the tea soup quickly in the slop basin.

⑧冲泡：持壶第二次向壶中冲入沸水，水满至壶口，有利于刮去浮沫，盖上壶盖。

Brew the tea: pour boiling water into the Yixing clay teapot for the second time until the water is full to the spout, skim off the froth and then cover the teapot.

⑨温杯：拿起已注有热水的品茗杯，依次温每个品茗杯。

Warm the tea cup: Pick up each cup that has been filled with hot water and warm each one in turn.

⑩出汤：持紫砂壶将茶汤倒入公道杯中，倒净壶中的茶汤。

Pour the tea: Pour the tea soup from the Yixing clay teapot into the fair mug.

⑪分茶：将公道杯中的茶汤分到每个品茗杯，约品茗杯的七分满。

Share the tea: Share the tea from the fair mug to each tea tasting cup till each cup is about 70% full.

⑫奉茶：双手把茶敬奉给客人品茗。行伸掌礼，微笑说“您好，请用茶”。

Serve the tea: Hold the tea soup to guests with both hands. Respectfully invite guests to enjoy the tea with a stretched right palm. Smile and say “ Please enjoy the tea”.

⑬收具：冲泡完毕，将所用茶具依次放回原位，摆放整齐。

Collect the Utensils: put the tools back in order and place them neatly.

黄茶冲泡实训任务
Training Task of Making the Yellow Tea

(1)实训安排(Training Arrangement)

学生通过本项目实训，掌握玻璃杯冲泡黄茶的方法及技艺。

Enable students to master the methods and techniques of making yellow tea through training in this project.

(2)实训地点及器具(Training Places and Utensils)

①地点：茶艺实操实训室。

Place: tea ceremony training rooms.

②器具：玻璃杯（三个）、随手泡、水盂、茶叶罐、茶道组、茶巾、茶荷、茶盘。

Utensil：three glasses, electric kettle, slop basin, tea canister, tea ceremony set, tea towel, tea holder, tea board.

③茶叶：君山银针、霍山黄芽。

Tea：Junshan Silver Needle Tea, Huoshan Yellow Tea Bud.

(3)实训时间(Training Time)

2课时。

2 periods.

(4)实训要求(Training Requirements)

①能够根据黄茶的品质特点选择冲泡的方法。

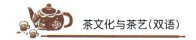

Master the method of making the yellow tea according to its quality characteristics.

②掌握黄茶玻璃杯冲泡的操作规范和技巧。

Master the operation standards and skills for making the yellow tea with glasses.

③能够进行黄茶玻璃杯冲泡的茶艺演示。

Be able to demonstrate the tea ceremony of brewing yellow tea in glasses.

（5）实训方法及步骤（Training Methods and Steps）

①教师讲解及示范用玻璃杯冲泡黄茶的基本方法与步骤要求。

The teacher explains and demonstrates the basic methods and steps of making the yellow tea with glasses.

②学生分组练习冲泡。

Students practice in groups.

③学生分组边练边用手机全程记录练习冲泡的过程。

Students record the whole process with their cell phones while practicing.

④学生小组进行茶艺展示，由教师进行指导与点评总结。

The student group shows tea ceremony, and the teacher gives guidance and comments.

（6）冲泡主要步骤和流程（Main Steps and Procedures of Making the Yellow Tea）

备具行礼→布具→取茶→赏茶→温杯→投茶→润茶→摇香→冲泡（使用“凤凰三点头”的技法）→奉茶→收具。

Prepare the tea set and salute to guests→lay out the tea set→take out the dry tea→appreciate the dry tea→warm up the glasses→place the dry tea in the teapot→soak the tea→rotate for creating tea aroma→make the tea with the Phoenix-nods-three-times technique→serve the tea→collect the tea set.

①备具行礼：准备好茶与水，入座后行礼。

Prepare the tea set and salute to guests: Prepare the tea and the water, salute to guests after they have taken their seats.

②布具：从右至左依次将茶具有序摆放好。

Lay out the tea set: put glasses in order one by one from right to left.

③取茶：从茶叶罐中取约3克的君山银针投入茶荷。

Take out the dry tea: take about 3 grams of Junshan Silver Needle Tea from the tea canister and add it to the tea holder.

④赏茶：双手托茶荷，手臂成放松的弧形，腰带着身体以从右至左的顺序请宾客欣赏。

Appreciate the dry tea: hold the tea holder with both hands. Keeping the arms in a relaxed arch shape. Move the upper body by the waist. Display the tea to guests from right to left for them to appreciate the tea.

⑤温杯：向玻璃杯中注入少量热水，水量约为杯身的1/3。手持杯底，缓慢旋转使杯中上下温度一致，然后将温杯水倒入水盂中。

Warm up glasses: pour a small amount of hot water into the glass. The water volume is about one third of the glass. Hold the bottom of the glass and slowly rotate it to ensure that the upper and lower temperatures in the cup are the same. Then pour the water into the slop basin.

⑥投茶：用茶匙轻柔将茶荷中的干茶分别投入各玻璃杯中，通常茶水比例为1∶50~1∶60。（即每杯用茶2~3克，具体还应根据干茶的特点及客人的喜好进行调整。）

Place the tea in the teapot: use a teaspoon to gently remove the dry tea from the tea holder into each glass. Usually, the ratio of the tea and the water is 1∶50 to 1∶60. (Each cup could contain 2~3 grams of tea, and the specific amount of tea should be adjusted according to the characteristics of the dry tea and the preferences of the customers.)

⑦温润泡：以回旋手法向玻璃杯内注入少量热水，约杯身容量的1/3。（润泡时间为20~60秒，可根据茶叶的紧接程度而定。）

Soak and brew the tea: pour a small amount of hot water into the glass with a swirling skill. The water volume is about one-third of the capacity of the glass. (The soaking time for tea leaves is 20~60 seconds. The soaking duration can be determined based on the degree of closeness of the tea leaves.)

⑧摇香：左手托住茶杯杯底，右手轻握杯身基部，运用右手手腕逆时针转动茶杯，左手轻轻旋转杯身进行醒茶。

Rotate for creating tea aroma: hold the bottom of the glass with the left hand and gently grasp the glass body with the right hand. Rotate the glass counterclockwise with your right wrist to release the tea aroma.

⑨冲泡：采用“凤凰三点头”或一次定点冲泡的方法，冲水时手持水壶有节奏地三起三落而水流不断，让茶叶在杯中上下翻动，注水至七分满。

Brew the tea: use the Phoenix-nods-three-times technique or one-time fixed-point-water-injection method. When pouring water, hold a kettle and rhythmically move it up and down three times. Keep the water flowing continuously to make the tea flip up and down in the glass. Fill with the water to seven tenths full.

⑩奉茶：双手向宾客奉茶，行伸掌礼并说“请用茶”。

Serve the tea: hold the tea soup to guests for a taste with both hands. Respectfully invite guests to enjoy the tea with a stretched right palm and say “Please enjoy the tea”.

⑪收具：按照“先布后收与后布先收”的原则收具，器具按“原路”放回，最后收

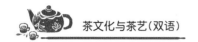

置于茶盘中。

Collect the utensils: collect the utensils according to the principle of "first set down, last cleaned, and last set down, first cleaned". Put the tea set back in its original position on the tea board.

白茶冲泡实训任务
Training Task of Making White Tea

（1）实训安排（Training Arrangement）

学生通过本项目实训，掌握瓷壶冲泡白茶的方法及技艺。

Students will master the methods and techniques of making white tea with a porcelain teapot through training in this project.

（2）实训地点及器具（Training Places and Utensils）

①地点：茶艺实操实训室。

Place: Tea ceremony training rooms.

②器具：瓷壶、茶盅（公道杯）、随手泡、水盂、茶叶罐、茶道组、茶巾、茶荷、茶盘。

Utensil: porcelain teapot, fair mug, electric kettle, slop basin, tea canister, tea ceremony set, tea towel, tea holder, tea board.

③茶叶：白毫银针、白牡丹。

Tea：Baihao Silver Needle Tea, White Peony Tea.

（3）实训时间（Training Time）

2课时。

2 periods.

（4）实训要求（Training Requirements）

①掌握根据白茶的品质特点及等级选择冲泡的方法。

Master the ability to choose tea making methods according to the quality and grade of the white tea.

②掌握白茶瓷壶冲泡的操作规范和技巧。

Master the operation standards and skills for making the white tea with a porcelain teapot.

③能够进行白茶瓷壶冲泡的茶艺演示。

Be able to demonstrate the tea ceremony of making the white tea with a porcelain teapot.

（5）实训方法及步骤（Training Methods and Steps）

①教师讲解及示范用瓷壶冲泡白茶的基本方法与步骤要求。

The teacher explains and demonstrates the basic methods and steps of making the white tea in a porcelain teapot.

②学生分组练习冲泡。

Students practice in groups.

③学生分组边练边用手机全程记录练习冲泡的过程。

Students record the whole process with their cell phones while practicing.

④学生小组进行茶艺展示，由教师进行指导与点评总结。

The student group shows tea ceremony, and the teacher gives guidance and comments.

(6)冲泡主要步骤和流程(Main Steps and Procedures of Making the White Tea)

备具行礼→布具→翻杯→取茶→赏茶→温壶温盅→投茶→温润泡→摇香→冲泡→温品茗杯→奉茶→品饮→收具。

Prepare the utensils and salute to guests→lay out the tea set→flip the cups →take out the dry tea→appreciate the dry tea →warm up the teapot and cups→place the tea in the teapot→soak the tea→rotate the cup for creating tea aroma→brew the tea→ warm up the tea tasting cup→ serve the tea→taste the tea→collect the utensils.

①备具：准备好所需器具，将水煮沸备用。

Prepare the utensils: boil the water for further use.

②布具：将备好的茶具从右至左有序摆放好。

Lay out the tea set: put the tea set in order one by one from right to left.

③翻杯：从远至近地将品茗杯依次翻上。

Flip the cups: flip the tea tasting cups one by one from far to near.

④取茶：从茶叶罐中取适量白牡丹至茶荷。

Take out the dry tea: take an appropriate amount of White Peony Tea from the tea canister to the tea holder.

⑤赏茶：双手托茶荷，手臂呈放松的弧形，腰带着身体以从右至左的顺序请来宾欣赏茶叶。

Appreciate the dry tea: hold the tea holder with two hands. Relax the arms into an arc. Move the upper body by the waist. Display the tea to guests from right to left for them to appreciate the tea.

⑥温壶温盅：向瓷壶中注入烧沸的开水，提壶注水至约1/3，盖上壶盖，双手持壶按逆时针转一圈温壶后将水注入茶盅（公道杯），温盅后分别倒入各品茗杯中。

Warm up the teapot and the fair mug: pour boiling water into the porcelain teapot by about one-third of the amount. Put on the lid of the teapot. Rotate it counterclockwise once with both hands to warm it up. Then pour the water into the fair mug to make it warm. Afterwards, separate the water into each tasting cup.

⑦投茶：用茶匙将茶荷中的白茶拨入瓷壶中。

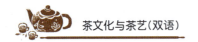

Place the tea in the teapot: move the dry white tea from the tea holder to the porcelain teapot with a tea spoon.

⑧温润泡：以逆时针的方向，向壶中回旋注入约1/3热水，水量以浸没茶叶为宜。

Soak the tea: rotate counterclockwise to pour the hot water into the teapot. It will be proper if the water is just enough to soak the tea.

⑨摇香：左手托住壶底，右手按住壶盖，运用右手手腕逆时针旋转瓷壶一圈，让茶叶在壶中充分吸收水分，激发茶叶香气。

Rotate for creating tea aroma: hold the bottom of the teapot with the left hand and press the lid with the right hand. Then rotate the teapot counterclockwise once with the right wrist. As a result, it can promote the tea to fully absorb the water and stimulate the aroma of tea.

⑩冲泡：采用逆时针回旋手法向壶中定点注入热水，冲泡至壶八分满。

Brew the tea: use the counterclockwise rotation technique to inject hot water into the teapot at a fixed point until the teapot is 80% full.

⑪温品茗杯：温品茗杯的方法与温壶的方法相同，逐一温品茗杯并将水倒入水盂中。

Warm up the tea tasting cups: the method of warming a tea tasting cup is the same as that of warming a teapot. Warm the tea cups one by one and pour the water into the slop basin.

⑫奉茶：双手向宾客奉茶，行伸掌礼并说“请用茶”。

Serve the tea: serve the tea to the guests with both hands. Invite guests to taste the tea with the stretched right palm, and say “please enjoy the tea”.

⑬品饮：赏茶汤、闻香气、品滋味。

Taste the tea: appreciate the tea soup. Smell the aroma. And then savor the taste.

⑭按照后取先放回的顺序，依次将器具放回至茶盘原来的位置。

Collect the utensils: collect the utensils according to the principle of “last arranged, first collected”. Put the utensils back in their original positions on the tea board.

学习项目 7

赏茶席

知识目标

1.了解茶席的由来及相关概念。

2.掌握茶席设计构成要素及设计原则。

3.掌握茶席的分类和特征。

4.了解茶席设计选题及文案编写方法。

技能目标

1.能够根据茶叶、茶具与摆件进行搭配设计茶席。

2.能进行茶席设计创作，并撰写创意文案。

德育目标

通过掌握茶席设计的知识和技巧，增强创造创新活力，提高生活美学素养，坚定文化自信。

任务引入

茶席是伴着人们饮茶的历史而产生，随着茶会形式和内容的演变而发展的。茶席可小可大，可以是方寸之趣，也是1平方米的道场；又可以天地为席，以山水为画，虫鸣鸟叫的天籁为乐，于自然间成席。茶席是一个涵盖了人、茶、器、物、境的方寸美学空间，如何才能创设出泡茶及饮茶过程中所需的环境气氛？这就需要先探究茶席的内涵。

任务1　认识茶席

7.1.1　茶席设计实训任务

(1)实训安排

学生通过茶席设计的实践活动，掌握茶席设计的基本方法。

(2)实训地点及器具

①有完善的计算机多媒体及音响设施的茶艺实训室。

②六大类茶叶、茶具、茶台、铺垫、桌旗、摆件等工艺品若干。

(3)实训时间

2课时。

(4)实训要求

①了解茶席设计的构成要素。

②能根据主题搭配合适的茶品、茶具、茶台、铺垫及相关工艺品并进行茶席设计。

③能用简练而准确的语言讲解茶席设计的创意并撰写成文案。

(5)实训方法及步骤

①教师根据展示的茶席设计作品讲解茶席设计的要点。

②学生以5～6人为一组练习。

③以小组为单位。根据自选的主题选择合适的茶品、茶具、茶台、铺垫及相关工艺品并进行茶席设计，要求运用茶席设计要领，呈现茶席设计作品。

④相关物品可以提前准备，并选配适合茶席的背景音乐。

⑤小组展示茶席设计并选派一名组员讲解茶席设计的创意。

⑥教师和其他小组进行考核并作点评。

(6)实训活动评价方法

实训活动评价方法见表7.1。

表7.1　茶席实训活动评价方法

序号	项目内容	评价标准	配分/分	得分/分
1	茶叶	茶品选择符合主题	15	

续表

序号	项目内容	评价标准	配分 / 分	得分 / 分
2	茶具	茶具与茶品及主题相搭配，茶具组合摆放合理得当	15	
3	背景	选择的背景与主题搭配	10	
4	铺垫	色彩、款式、质感选择合适得当	10	
5	插花或挂画	能烘托茶席主题	10	
6	摆件或工艺品	选择搭配得当与茶席的主题有关联，能起到画龙点睛的作用	10	
7	音乐	音乐与茶席主题匹配，渲染气氛	10	
8	茶席设计创意构思文案	简洁凝练，能准确地表达出茶席的内涵和意境	10	
9	茶席设计创意讲解	小组讲解设计思路清晰，语言得当	10	
总分			100	
小组组别及成员姓名：			时间：	
评价教师（人员）：				

7.1.2 茶席的溯源

“茶席”一词在近代才出现，中国古代茶文化相关史料中，并无“茶席”一词的记载，其实茶席由历史悠久的中国筵席、宴席引申而来。根据《中国汉字大辞典》释义，“席”指用芦苇、竹、蒲草等编制而成的坐卧垫具。唐代以前，人们都席地而坐。但是，古人们对茶的追求一直未曾停步。

茶席其实就是泡茶与喝茶的地方。茶席始于我国唐代，从诞生之始，就是茶人阐释自己对茶的理解的一种载体。在宋代，文人雅士喜欢在山水间吟诗、作画、品茶，常把茶席置于自然山水之中，还将取形捉意于自然的艺术品摆设在茶席上，逐步形成了茶席的“四艺”（插花、焚香、挂画与茶艺）。茶席经历了唐代的华丽奔放，宋代的简洁内敛，明清的至精至美。茶席在生活中，是美学的先行者。

（1）茶席的定义

茶席，从狭义的角度讲，是为泡茶喝茶而摆的席，包括为泡茶、品茶或者奉茶而设的桌椅或场地；从广义而言，还包括茶席所在的房间，甚至房间外的庭院。茶席是茶艺表现的场所，是沏茶、饮茶的场所，包括沏茶者的操作场所，茶艺活动所必需的空间、奉茶处所，宾客的座席、修饰与雅化环境氛围的设计与布置等，其最大的作用就是为茶事提供大环境，以及体现主人的修养情趣或茶事的主题，是茶艺中文人雅艺的重要内容之一。

（2）茶席设计的内涵

所谓茶席设计，是指以茶为灵魂，以茶具为主体，以铺垫等器物为辅材，在特定的空间形态中，与其他的艺术形式相结合，共同完成的一个有独立主题且具备一定茶事功能的茶席。茶席不同于茶室，泛指习茶、饮茶的桌席。茶席设计的意义不仅在于诠释茶器的内涵，还能通过茶人对茶席的设计和演绎表达出茶器隐逸的文化符号。

（3）茶席的分类

茶席是整个茶艺茶道中最基础的环节，不同的茶会主题会有不同的布置要求。

1）按照不同环境分类

根据所处环境不同，茶席分为室内茶席和室外茶席两种。

①室内茶席，不受天气、光线和环境的影响，可进行人工设计和安排的地方更多，具有更好的实用性。中国自古以来就有客来敬茶的传统美德,客人来访，主人泡茶、敬茶是必不可少的礼节，为表达对客人的尊敬,室内茶席较为常用，从总体安排上主要做到干净整洁、光线明亮、通风透气，营造出雅致的饮茶氛围。

②室外茶席，简单而言就是在户外喝茶，借天地之美景，布一方接地气的茶席，感受在山野之间喝茶的自然之美与和谐之气。自古以来，文人雅士都钟爱于寄情山水。无论春夏秋冬还是阴晴雨雪，一杯茶，人们可以感受到的不只是身心的愉悦，亦是心灵与自然的和鸣。以山水为席坐饮茶，可与天地精神往来。因此，从古至今，除雅室精舍外，山水、林泉、庭园、乡野皆是茶人喜爱的天然茶空间。

室外茶席设计如图7.1所示。

图7.1 室外茶席设计

2）按照用途分类

茶席按功能与用途可以分为生活茶席和艺术茶席。

①生活茶席主要用于满足人们日常品茶与美感的需求，使用的茶具相对比较简单，

主要由茶叶、茶具、茶点等组成，其实用功能较强。除了家庭布置茶席，茶楼及茶会鉴赏中进行的茶叶品鉴、茶叶推荐使用的茶席，虽装饰更多，但也属于实用性生活茶席。

②艺术茶席，也称舞台茶席，具有艺术表演展示的性质。一般出现在茶艺表演展示或各项茶席设计比赛中,通常使用多种元素组成来凸显设计感和艺术性，主要体现审美的功能。

3）按照使用习惯分类

根据泡茶者持壶注水的习惯用手不同，茶席可以分为左手席和右手席。

①由左手持壶注水的茶席，称为左手席，左手席上的行茶要遵循顺时针方向。

②由右手持壶注水的茶席，称为右手席，右手席上的行茶方向则要以逆时针进行。

4）按照茶席的主题分类

根据设计的茶席所事先确定的主题进行分类，茶席的主题设计是茶席中最有人文趣味的一个环节。茶席的布置主题先行，确定主题后，才能陆续选择相应的茶席元素。比如，以不同朝代为主题的仿古茶席；以现代各种茶事为主题的现代茶席设计，包括季节、茶类、茶品、茶人、心境等；又如二十四节气茶席；等等。茶既雅俗共赏又包罗万象，每个人心中都可以有属于自己的茶席，以及属于自己的对茶的理解。

5）按照席面干湿分类

茶席按席面干湿可以分为干泡茶席和湿泡茶席，也称干泡台和湿泡台。最直观的判断方法就是观察茶席上有没有茶盘，或者说茶水能否直接倒在席面上。

①湿泡台是我国传统的茶席。湿泡茶席整体的环境应当注意干净整洁，避免茶水四溅。

②干泡台是一种将主泡器直接放置在茶桌或者桌旗上的冲泡方式，省略了壶承，显得更加简单随性。干泡茶席没有排水功能，不使用茶盘，可以使用壶承代替，废弃茶水要放入水盂中。干泡茶席要求在行茶过程中保持席面干爽、整洁。

7.1.3 茶席的基本特征

（1）实用性

实用性是茶席的重要特征。茶席主要有两种状态：一是生活茶席，二是艺术茶席。生活茶席被广泛应用于人们的日常生活中，比如家中的品茗区域，办公室的品茶场所，以及精心设计的茶话会。艺术茶席以茶艺表演为目的，注重茶席的艺术欣赏性与表现力，但同样具有实用性。茶席也是一种物质形态，在茶事相关的物质构成中，最重要的就是茶品和茶具，所以布置茶席首先需要考虑布置的内容是否符合泡茶的程序，布具是否符合人体工学。因此在艺术茶席的设计上，依然需要根据茶品、茶具是否适合使用等进行考量。艺术茶席被广泛运用于茶艺表演或是茶席的动态展示，依然离不开实用性。

（2）艺术性

任何茶席都必须具有艺术性，因为茶席的设计并非一般性的成套茶具的设计，而是一种艺术行为和艺术立意。茶席是一种艺术形态，代表着茶人对生活的热爱以及对美的追求。茶席是为表现茶道之美与茶道精神而规划的一个场所。从这个意义上说，没有艺术性也就没有茶席独特的地位。

（3）综合性

茶席设计中每一个物品都是围绕着茶席的主题而存在的。包括茶台、茶具、茶品、铺垫、插花、背景、工艺品等综合体现在一个茶席上面，每一件物品都有自己的属性，不可或缺，体现了茶席的综合性。

任务2　茶席设计的方法

7.2.1　茶席的构成元素

茶席设计由不同的因素结合构成，虽然是同一个主题的茶席，但由于布席人的生活经历、文化背景及思想性格等方面的差异，在进行茶席设计时会选择不同的构成因素，基本上应包括茶品、铺垫物品、茶具组合、茶席插花、茶席之香（焚香）、挂画、茶席工艺品（玩赏摆件）、茶点或茶果、背景、音乐、茶人这些要素。

（1）核心构成元素

茶人、茶、茶器是茶席设计的核心构成要素，缺一不可。茶人是重要的载体，也是最根本的要素，茶人的一举一动都是茶席设计中动态之美的展现。茶是茶席设计的核心，也是整个茶席的灵魂所在。茶之美可以呈现在茶本身的外形、色泽、香气和滋味上的美感。茶器的组合是茶席设计的基础，也是茶席构成的主体要素。茶具组合在质地、造型、体积、色彩和寓意等方面都需要综合考虑，可以因茶、因时、因地挑选适宜的茶具。在茶席设计中，茶与人、茶与器、器与人三者的关系需要和谐融洽。

（2）空间构成元素

背景、铺垫、挂画是营造茶席空间的三个重要元素。茶席背景是指为获得某种视觉效果，设定在茶席之后的艺术表现形式。铺垫是茶席之下的布艺类或其他质地的统称。铺垫的质地、款式、大小、色彩、花纹，都应该根据茶席设计的主题和立意进行搭配选择，而挂画是悬挂在茶席背景环境中书与画的统称。

(3)席面构成元素

插花、焚香、摆件、茶食是席面上的构成要素。可以根据茶席的主题和需要进行搭配和选择。茶席的插花是主题的辅助表达。焚香是在茶席中的艺术形态，可以起到烘托茶席主题的作用。摆件（工艺品）往往能起到画龙点睛的作用，也可以有效衬托茶席的主题。茶食则是饮茶过程中的佐茶食物，其主要特点就是分量、体积以小巧精致为好，样式讲究清雅。

7.2.2 茶席设计原则

(1)主题突出

主题是灵魂，在茶席设计时，首先需要明确主题。茶席设计必须与茶艺所要表达的主题一致，具体表现在构成茶席的器物种类、色彩、形状等需要与茶艺所要表达的主题一致，不可繁杂，应该简洁明了，才能更好地展示出茶席设计的独立性。比如以茶品为主题，选择西湖龙井、铁观音等中国名茶为主题茶席；以茶事为题材，如宋代点茶等茶事题材，在茶席中进行分茶艺术的再现等。

(2)茶与器的搭配

1）根据茶品的性质确定

绿茶外形细嫩优美，汤色清绿亮，宜选用透明的玻璃杯冲泡；乌龙茶香高浓郁，则用保温性能好的紫砂壶或盖碗冲为佳；红茶汤色橙红明亮，在冲泡红茶时可选用内白釉的茶具来衬托。

2）根据表现的主题选定

如要表现整体古朴典雅的特性，可选用质朴的紫砂壶、质朴的陶壶等；如要呈现清新淡雅茶席可以使用玻璃茶具；如要展示民族风情的茶席，可以使用的陶土或者有民族图案等茶具；想表达厚重悠久的主题，则可选用紫砂或铁壶材质类的茶具。

3）根据主题相关性选择

茶席设计中需要与茶艺所表达的主题一致。因此器物的选用是有讲究的，如茶席的器物的种类、形状、色彩等要与所表达的主题一致。

(3)茶具配套使用原则

茶具组合是茶席设计的基础和茶席构成因素的主体。茶席艺术风格需要配套，同一个茶席内的茶具质地、造型、色彩要谐调，质地不要超过三种，色彩多用近似色或同类色。质地、造型、色彩等方面既要有个性，也要考虑整体性。茶具的选择与搭配，以实用为上，不要盲目混搭。

7.2.3 茶席设计技巧

（1）茶席的布设方法

茶席布局是指在有限范围内摆置出一个瞬间的视觉形象，需要遵循对应关系、主次呼应、虚实结合、均衡、留白、立体、简繁、疏密、参差、动静等布局原则。

（2）茶席的色彩设计

在茶席色彩的安排上，一般多应用近邻近色系的搭配，少量运用对比色，铺垫以单色为上，碎花次之，繁花为下。

1）单色

单色最能适应器物的色彩变化。单色，既有无色彩的（黑、白、灰），又包含有色彩的（红、黄、蓝、绿等），即使是最深的单色——黑色，也不会夺去器物的质感。在茶席铺垫中运用单色是一种很好的选择。

2）碎花

碎花也包含了纹饰，在茶席铺垫中，只要处理得当，一般不会夺器，反而更能恰到好处地点缀器物，发扬器物的特点。一般碎花、纹饰的选择规律是与器物保持同色系，但颜色要更浅淡些。

3）繁花

繁花在一般铺垫中最好不用，但在特定的条件下选择繁花也会出现特别强烈的效果。

4）手绘图案

有些铺垫上会选择一些具有人文茶道风格的图案，在茶席的人文色彩上更为突出，也会增加茶席的魅力。手绘图案的搭配规律是与器物同色系的低调处理。在茶席铺垫中，这种色彩搭配处理得当，一般不会夺器，可以恰到好处地点缀器物的特质。

（3）配角插花设计

与茶席密切相关联的可称为配角，古人饮茶时讲究的“四艺”，今天同样可以将传统文化中的“四艺”——点茶、焚香、插花、挂画应用于茶席设计中，但需要讲究实用性和艺术性两个方面。插花在茶席设计中是较常运用的一种艺术形式，茶艺中的插花颇为讲究。

①宜选择清新淡雅的花材为主，不要过于繁复，以免喧宾夺主。

②一般花的颜色控制在两色以内，花枝的数量以奇数为好，茶席上插花以小巧不艳为宜，讲究清雅、简单、脱俗。

③造型要求高低错落，能展示出花或草自然美好的生命力。

7.2.4 茶席设计主题选取方法

茶席设计的题材选取较广，只要内容积极、健康，有助于人的美好道德和情操培养，给人以美的享受，均可在茶席之中反映出来。

（1）以茶品特征选择

①以茶的地域选择。可以根据我国茶叶的不同产地来选择，结合不同地域的茶文化和风情特点选择茶品，以此增加人们对茶的认识，感受名茶、名山的美好。如中国名茶中的西湖龙井、碧螺春、庐山云雾、黄山毛峰、君山银针、凤凰单丛等。

②以茶品的特点选择。六大茶类的茶叶品质特征各不相同。在风味特征和冲泡方法上也可给人以不同的艺术感受。

（2）以茶事为题材选择

可以根据中国茶文化历史选取重大的历史事件，在茶席中进行精心的设计。如《茶经》问世，宋代点茶、明代罢造龙团，也可以从古茶人如茶圣陆羽所做过的茶事，或从今天我们个人喜爱的茶事进行选取。表达的过程需要有生动、亲切、情感投入等，将生活中的茶事作为茶席设计的题材，从崭新的角度挖掘主题内涵，可以使茶席的思想内容变得更加丰富和深刻。

（3）以茶人为题材选择

①以古代茶人为题材。古代茶人，历数千年，至今仍为人称颂者，如尝百草之神农、第一位种茶的茶人吴理真、毕生精力全付于一部《茶经》的茶圣陆羽等。

②以现代茶人为题材。现代茶人，如老舍、巴金、庄晚芳、张天福、吴觉农等，中国的知名茶人举不胜举，他们为振兴我国的茶科学、茶文化和茶产业作出了很大的贡献。

（4）以呈现茶席主题为选择

将人、物、事作为茶席的题材，以具象与抽象两种物态语言去表现所涉及的有关资源和信息。比如表现快乐的时候，可以通过欢快的旋律和跳跃的音乐，在茶席中设计色彩明快的器物并布局自由的形式来表达主题中的人、物或综合的故事情节。

（5）以中国优秀传统文化主题为选择

茶席的主题创作及灵感获取需要有一定的艺术修养、文学修养，并且知识面广，阅历丰富。我国传统文化内涵丰富，历史悠久。不仅有古代的诗词歌赋，还有经典小说及山水名画等，这些内容都可以成为创作主题。

任务3 茶席设计的创作

茶席设计的创作包括茶席标题、所选用的茶叶、配备的茶具、背景音乐、创作思路阐述等核心内容，主要围绕“茶”主题进行创作，茶是主要元素，切勿脱离茶空谈。近年来，茶席作品不仅在很多茶艺大赛中被列为比赛的主要设计内容之一，也是新兴茶席设计大赛中的重要呈现。图7.2展示了2023年茶席设计大赛银奖作品。

图7.2 2023年茶席设计大赛银奖作品

7.3.1 茶席设计文案编写

茶席设计创作一般要求提供一份文案、一张茶席设计全景照片或者小视频。完整的茶席设计对其文案撰写也有一定的要求。

（1）命名的方法

命名就是为茶席起一个题目，一个好的名称，可以起到画龙点睛的作用。它是茶席的亮点也是茶席内容的高度概括，可以更精确地提炼并传达茶席的核心思想。命名的字数最好精简，表达准确。如《归真》《在水一方》《长相守》《遇见》《等待》《知音》《无尘》《秋思》《归》《诗路·茶香》《时间的味道》等，这些都是较好的茶席名称。

第四届全国茶艺职业技能竞赛茶席设计作品赏析

（2）文本撰写的方法

创作者可以用简短而朴实的文字，真实地表达茶席作品的思想和情感。撰写的字数简要凝练，最好归纳在300~500字，同时要准确地表达出茶席的内涵和意境。

7.3.2 茶席设计文案参考

(1)《情定六口茶》主题茶席设计

①作者：秦雅琪。

②茶席主题：《情定六口茶》。

③茶品：茶叶为武陵山脉土家绿茶，配料有阴米、花生、芝麻、黄豆。

④茶具搭配：土陶罐、土砂锅、土碗、陶火炉、陶糖罐、陶茶罐、竹筒食盒。

⑤选用音乐：《土家巴山舞》《六口茶》。

⑥创作思路：喝你一口茶，问你一句话；喝你六口茶，问你六句话。一口一问，一口一答，男儿以喝茶试探，女儿以筛茶示爱。土家民风淳朴，儿女真情坦荡。土家民歌甜蜜悠扬，唱出岁月悠然，唱出万种风情；罐罐茶香醉味醇，喝出神清气爽，喝出情意长存。情定六口茶，你是我的他（她），真心茶可鉴，携手走天涯!

以竹制茶台、小方桌椅、吊脚楼竹窗、斗笠、蓑衣与大蒜、辣椒等，复原土家人生活场景。远处，绿绿茶山、青青翠竹尽收眼底；院内，清甜井水烹煎的土家罐罐茶浓香四溢。茶盘与小方桌上装饰土家花布，泡茶台以土家织物西兰卡普为基本铺垫，摆置土家罐罐茶的必备茶具。红艳艳的野生蔷薇花预示着土家儿女朴实而坦荡的爱情。整幅茶席民风浓郁，格调清新欢快，符合《情定六口茶》的主题。

(2)《诗路·茗香》主题茶席设计

①茶席主题：《诗路·茗香》。

②选用茶叶：越乡龙井，干茶外形扁平光滑，色泽翠绿嫩黄，香气馥郁，滋味醇厚，汤色清澈明亮、叶底嫩匀成朵，经久耐泡。

③选用茶具：锤纹玻璃盖碗，透明玻璃公道杯，四个玻璃莲瓣品茗杯。

④选用音乐：邓伟标《空》（音乐有水流、鸟声，具有空灵的特点）。

⑤创作思路：“浙东唐诗之路”始于钱塘江边的西兴渡口，经萧山到鉴湖、沿浙东运河至曹娥江、沿江而行至嵊州剡溪、经天姥山，最后抵天台山石梁瀑布，全长约2002千米，沿途山水秀丽。越乡嵊州古时称剡，四面环山，九曲剡溪横贯其中，佳山秀水，风景幽丽，是著名的“茶叶之乡”“越剧之乡”，江南山水越为最，越地风光领剡先，剡溪作为贯穿“浙东唐诗之路”的“黄金水道”，成为文人墨客寻幽访古、山水朝圣之地，也因此留存了大量的诗篇。

作品营造出自然山水的意境，在画一般的九曲剡溪江边布下一方茶席，品茗论道，遥想唐代贤士沿剡溪品茗唱和、谈诗论赋的情景。茶席融入苔藓、假山、石子、鱼儿等自然元素，通过镜面模拟营造水面，将主泡器具置于水面的石板、石砖上，茶席前方通过鹅卵石构成了一条蜿蜒曲折的小溪，萦绕着假山和竹筏，诗人在竹筏上仰天品茗论赋。

7.3.3 茶席设计作品欣赏

（1）“浮梁茶”茶席设计金奖作品

①茶席主题：《无上清凉》。

②作者：刘晓庆。

③创意构思文案：在炎热夏季，选用剔透的琉璃盏，愿为品茶人带去一抹清凉。《无上清凉》也象征着断除烦恼的大智慧，愿大家能安住当下，识得盏中滋味，觅得无上清凉。身处在这个一切讲求速度的时代，选择慢下来，慢慢体悟“在尘出尘，在色不染”的境界。感恩，借由一盏茶，传递自在欢喜（图7.3）。

图7.3 《无上清凉》“浮梁茶”茶席设计金奖作品

（2）“浮梁茶”茶席设计银奖作品

①茶席主题：《芬芳满》。

②作者：黄蓓。

③创意构思文案：值此暮春时节，正是绿茶当道，天气渐热的午后，泡一杯绿茶，将整个春日的浪漫美好还原，用以涤心疗渴，驱除困意。茶席选用玻璃壶煮水，以直观地感受泡茶水温，蓝色的陶艺盖碗配以点缀了蓝色的玻璃公道杯，给茶席一点沉静之感，绿茶的兰花香与品茗杯上的兰花相得益彰，桌上的青苔小景与野花共同点缀出春日的风光，正是芬芳满席（图7.4）。

图7.4 《芬芳满》“浮梁茶”茶席设计银奖作品

（3）“浮梁茶”茶席设计铜奖作品图片欣赏

“浮梁茶”茶席设计铜奖作品如图7.5—图7.8所示。

图7.5 《重现》“浮梁茶”茶席设计铜奖作品

图7.6 《白居易的下午茶》“浮梁茶”茶席设计铜奖作品

图7.7 《春山可望》“浮梁茶”茶席设计铜奖作品

图7.8 《新意》“浮梁茶”茶席设计铜奖作品

课后思与练

1.挂画、赏花、焚香与品茗是古代（　　）的系统。

A.论道　　B.参禅　　C.茶艺　　D.习画

2.（　　）是茶席设计的灵魂。

A.茶具　　B.铺垫　　C.插花　　D.茶

3.茶席设计的基本特征有（　　）和艺术性以及综合性的原则。

A.美学性　　B.时代性　　C.实用性　　D.创新性

4.请简述茶席设计的构成元素。

5.请以二十四节气中的一个节气为主题，进行茶席设计的实践创作。

Project Seven

Appreciating the Tea Table Setting

茶席设计实训任务
Training Task of Tea Table Setting Design

(1)实训安排(Training Arrangement)

学生通过茶席设计的实践活动，掌握茶席设计的基本方法。

Enable students to master the basic methods of designing the tea table setting through practical activities.

(2)实训地点及器具(Training Places and Utensils)

①地点：有完善的计算机多媒体及音响设施的茶艺实训室。

Place: tea ceremony training rooms with well-equipped computer multimedia and audio facilities.

②器具：茶具、茶台、铺垫、桌旗、摆件等工艺品若干。

Utensil: tea set, tea table, pad, table cloth and some ornaments.

③茶叶：六大类茶叶。

Dry tea: six kinds of tea.

(3)实训时间(Training Time)

2课时。

2 periods.

(4)实训要求(Training Requirements)

①了解茶席设计的构成要素。

Understand the elements involved in the design of tea table setting.

②能选择根据主题搭配合适的茶品、茶具、茶台、铺垫及相关工艺品等进行茶席设计。

Be able to choose appropriate tea, tea set, tea table, pad, and related ornaments, etc. to design tea table setting according to the theme.

③能用简练而准确的语言讲解茶席设计的创意并撰写成文案。

Be able to explain the creativity of the tea table setting design in concise and accurate language and write a corresponding design proposal.

(5)实训方法及步骤(Training Methods and Steps)

①教师根据展示的茶席设计作品讲解茶席设计的要点。

The teacher demonstrates the key principles of tea table setting design by explaining the works.

②学生分组，以5~6人为一组练习。

Divide students into groups to practice. 5 ~ 6 students per group.

③以小组为单位。根据自选的主题选择合适的茶品、茶具、茶台、铺垫及相关工艺品等进行茶席设计，要求运用茶席设计要领，呈现茶席设计作品。

Each group chooses their own theme and select suitable tea, tea set, tea table, pad, and ornaments, etc. Apply the key principles of tea table setting design in the practice and create the works.

④相关物品可以提前准备，并选配适合茶席的背景音乐。

Other related items and the background music are expected to be prepared in advance.

⑤小组展示茶席设计并选派一名组员讲解茶席设计的创意。

Each group displays their designing work and one member of each group explains the creativity of the design.

⑥教师和其他小组进行考核并作点评。

Groups assess each other’s works, and teachers make comments.

学习项目8

知茶礼

知识目标

1.了解茶艺服务人员的职业道德规范。

2.了解茶艺服务人员应具备的礼仪素养。

3.了解茶事服务中常用的各种礼节。

技能目标

1.掌握茶艺师的职业规范。

2.掌握茶艺服务中仪容仪表的要点及服饰的搭配。

3.能在茶事服务中运用相关的礼节和服务技能。

4.理解常见的茶事礼俗。

德育目标

通过掌握茶艺礼仪及规范服务要求，树立良好的服务意识，知行合一，提高职业素养。

任务引入

孔子曰：“不学礼，无以立。”茶艺礼仪是指茶艺人员在茶事活动中约定俗成的行为规范。中国是礼仪之邦，礼仪是人立身处世的根本。茶艺礼仪是茶事活动的前提。因此，学习茶艺必先掌握规范的茶艺礼仪。

任务1 职业道德与服务规范

8.1.1 茶艺人员的职业道德与守则

①茶艺人员的职业道德是指茶艺人员在工作或劳动过程中应遵循的与其职业活动紧密联系的道德规范的总和。遵守职业道德，热爱茶艺工作，不断提高服务质量，是茶艺师职业道德的基本准则。

②茶艺人员要热爱专业，忠于职守；遵纪守法，文明经营；礼貌待客，热情服务；真诚守信，一丝不苟；钻研业务，精益求精。茶艺人员只有拥有职业守则，以科学的态度认真对待自己的职业实践，才能做好茶艺工作。

8.1.2 茶艺服务接待要求

（1）基本的接待服务礼仪

①微笑迎宾：茶艺人员笑脸相迎宾客的到来，通过礼貌的语言和真诚的笑容使宾客第一时间感到心情舒畅，并引领宾客入座。

②交谈礼仪：茶艺人员与客人交谈时要保持微笑，用友好的目光注视对方，思想集中，表情专注。

③交流方法：茶艺人员与客人交流中可以用关切的询问、征求的态度、提议的问话，以及有针对性的回答来促进与宾客的交流，从而提高服务质量。

④服务姿态：茶艺人员在工作中应注意站立的姿势和位置，在为宾客指示方向时，应掌心向上，面带微笑，眼睛看着目标方向，同时兼顾宾客的注意目标，不可用手指来指去。

⑤语言艺术：茶艺人员在进行茶事服务时，要特别注意自己的语气语调和言语内容。要做到语气谦逊柔和，语言委婉，简洁清晰，音量适中。同时，言语内容要礼貌周到，恰当地使用服务敬语，例如："请稍等""对不起，让您久等了"等，做到"客到有请，应答及时，客走道别"。杜绝使用不尊重客人的蔑视语、缺乏耐心的烦躁语、不文明的口头语和斗气语等。

（2）服务接待不同民族宾客的礼仪

接待工作是茶艺服务的关键，要根据不同的地域、民族、宗教信仰为宾客提供贴切的接待服务。接待工作不仅能体现茶艺服务人员无微不至的关怀，更能突出工作岗位中茶艺服务的质量和水准。

汉族宾客大多推崇清饮，茶艺人员可根据宾客所点的茶品，采用不同的方法为客人泡茶。当客人茶杯或茶碗剩1/3茶汤时，需要为宾客添加茶水。为宾客添水3次后，此时茶味已淡，需询问宾客是否换茶。

藏族宾客喝第一杯时会留下一些，喝过三杯后，会把再次添满的茶汤一饮而尽。这表明宾客不再续茶，服务人员不要再为该宾客添水。

在茶艺服务接待傣族宾客时，只需要斟浅浅的半小杯，以示对宾客的尊重，不要斟茶至七分满。

在茶艺服务接待蒙古族宾客时，要特别注意敬茶时应用双手，以示对宾客的尊重。当宾客将手平伸，在杯口盖一下时，表示宾客不再喝茶，茶艺服务人员可停止斟茶。

（3）接待不同宗教信仰的宾客礼仪

茶艺服务人员在接待信奉佛教的宾客时应行合十礼，与信奉佛教的宾客交谈时不要问僧尼的俗家姓名，不能主动与僧尼握手；在接待信奉道教的宾客时，应双手相抱施拱手礼，注意左手在上。

（4）接待不同国家宾客的饮茶偏好和礼仪

英国人偏爱红茶，服务时需准备牛奶、糖、柠檬片等；俄罗斯人同样偏爱红茶，但喜爱“甜”，在品茶时必须吃点心，因此在茶艺接待服务时需要按他们的习惯添加糖；大多数美国人爱喝加糖和奶的红茶，也酷爱冰茶；土耳其人喜欢品饮加糖和柠檬片的红茶；巴基斯坦人普遍偏好牛奶红茶，在巴基斯坦西北地区的人们也爱饮绿茶，并会在茶汤中加入糖；日本和韩国宾客不仅偏好饮茶，同时也注重茶道礼法，因此茶艺服务人员在泡茶时要严格注意泡茶的规范，需要让这些国家的宾客感受到中国茶艺的风雅；印度人和尼泊尔人惯用双手合十礼致意，茶艺服务人员也可采用此礼来迎接宾客；印度人拿食物、礼品或敬茶时用右手，不用左手，也不用双手，茶艺服务人员在提供服务时要特别注意。

（5）世界各国的相关习俗和禁忌

世界各国各地区都有各自独特的礼仪和禁忌。茶艺师要做到喜迎宾客礼貌服务，就需了解各国、各地区、各民族的礼仪、习俗和禁忌，以此提高自身的素质和服务质量。

①日本人。日本人忌讳绿色，认为绿色不祥，忌荷花图案。当日本宾客到茶艺馆品茶时，茶艺服务人员应注意不要使用绿色茶具或有荷花图案的茶具为他们泡茶。

②新加坡人。新加坡人视紫色、黑色为不吉利颜色，黑白黄色为禁忌色。在与他们谈话时忌讳谈宗教与政治方面的问题，不能向他们讲“恭喜发财”，因为他们认为这句话有教唆别人发横财之嫌，是挑逗、煽动他人做对社会和他人有害的事。

③马来西亚人。马来西亚人忌用黄色，单独使用黑色被认为是消极的。在茶艺服务

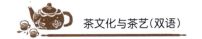

中要注意茶具色彩的选择。

④英国人和加拿大人。英国人和加拿大人忌讳百合花，所以茶艺服务人员在品茗环境的布置上要注意不要出现这一花卉。

⑤法国人和意大利人。法国人忌讳黄色的花，而意大利人忌讳菊花。

⑥德国人。德国人忌吃核桃，而且忌讳玫瑰花，所以不能向德国宾客推荐玫瑰和针螺类的花茶，在准备茶点时注意不摆核桃。

茶艺服务人员的岗位职责

任务2　茶艺师的仪容仪表

仪容仪表是茶艺师给人的第一印象，包括茶艺师的形体、容貌、健康、姿态、举止、服饰等方面，是茶艺师举止风度的外在体现。

礼仪是礼节、礼貌、仪态和仪式的统称。茶艺服务礼仪是指茶艺师在进行茶事活动中约定俗成的行为规范。茶艺服务礼仪是指茶艺师在进行茶事服务中对服务对象表示尊重和友好的行为规范。茶艺服务礼仪可分为泡茶前、泡茶中的礼仪与规范动作以及相关礼节。

（1）泡茶前的礼仪

泡茶前的礼仪，主要是准备工作，包括形象礼仪、泡茶礼仪、茶器准备等。

形象礼仪主要包括头型、妆容、着装、手部清洁等。

①发型。应选择合适的发型，发型的选择因人而异，以适合自己的脸型和气质为佳。总体要求是不烫不染、前不附额、侧不遮耳、后不及领。如果茶艺师是长头发，要将头发盘起来，切勿散落到面前，给人邋遢的感觉。如果是短发，则要干净整齐，避免头发散落遮挡视线。

②妆容。以淡雅为原则，避免使用气味太重的香水或化妆品。女士化淡妆，面带微笑，展现出自信的妆容之美。从事茶艺的工作人员切忌浓妆艳抹，与茶性不符。男士在提供茶事服务时，应将面部修饰干净，不留胡须。

③着装。茶艺师需穿着得体，素雅大方。选择衣服时，整体花色以素雅为主，不宜奢华；泡茶时的穿着，除了配合茶会的气氛，还要考虑与泡茶席，尤其是茶具的配合。袖口不宜过宽，避免碰撞茶具。如胸前有领带、饰物等要用夹子固定，以免泡茶、端茶奉客时撞击茶具。

④手部清洁。双手要保持整洁，因为泡茶时双手就是舞台上的主角。泡茶前洗手要注意将肥皂味冲洗干净。作为茶艺工作者，要有意识地保持优美的手型。总体要求是女士纤细修长，男士浑厚有力。平时需要注意适时的手部保养，时刻保持清洁、干净，勤洗手，勤剪指甲，保持整洁光亮，不留长指甲，不做美甲。

⑤配饰。泡茶时不宜佩戴太多、太抢眼的配饰，除非这些配饰进行过特别设计，否则应尽量少戴，甚至不戴。

（2）泡茶中的礼仪

泡茶中的礼仪包括肢体语言和动作规范，即仪态礼仪。仪态即人的姿态，茶艺人员要训练立、坐、走、蹲等基本姿态。

①站姿。站姿是生活中最基本的举止，站姿能展示人的精、气、神。保持优美、挺拔的站姿是茶艺服务的基础，能给人留下美好的第一印象。女茶艺人员站立时，要求双脚呈“V”字形，两脚尖开约50°，膝和脚跟靠紧；双手虎口交叉，右手搭在左手上。男茶艺人员站立时，要求双脚分开，宽度窄于双肩；双手交叉，左手搭在右手上，置于小腹上，双手也可交叉放在背后；如“丁”字站立时，要求双脚呈“丁”字形，左脚置于右脚跟下方，两脚尖开约90°。

站姿的训练方法主要有三种，即靠墙练习、双人训练、书本训练。

②坐姿。俗话说“坐如钟”，茶艺服务中日常行茶或进行茶艺表演时，为确保身体重心居中，坐在凳子或者椅子上时，必须端坐中央，保持中正。

③蹲姿。蹲姿是在取放低处物品、拾起落地物品或合影时位于前排采取的动作。从事茶艺服务时，如果茶桌较矮，可用蹲姿为客人倒茶。要做到优雅的蹲姿，基本要领是屈膝并腿，臂部向下，上身挺直，不要低头。

蹲姿常见的有三种，即交叉式蹲姿、高低式蹲姿、单腿跪蹲。

④走姿。茶艺人员在行走时，应做到上身正直平稳，目光平视，面带微笑，双肩放松，双臂自然摆动，手指自然弯曲，步幅约30厘米，跨步足迹呈一条直线。优雅的走姿如同行走的风景线。女士走姿的基本要求是轻盈、从容，具有阴柔之美；男士走姿的基本要求是稳健、刚毅，具有阳刚之美。茶艺服务人员在行走时要保持均匀、平稳的速度，不要过于急躁；步幅也不要过大，避免手捧茶具时避让不及，发生磕碰。

⑤跪姿。常见于无我茶会和茶艺表演中，跪姿是与日本及韩国茶人进行国际交流时习惯采用的姿势。因日常使用不多故跪姿不易掌握，需加强练习。练习跪姿的方法如下：

A.站姿准备，双膝跪地。

B.臀部坐在双脚上，身体重心调整至双脚跟上，双手搭放于前；注意上身挺直，肩膀放松，双眼平视，面带微笑。

（3）泡茶中的动作规范

行茶中持物的基本手法

①泡茶时，泡茶者的身体要坐正，腰杆要挺直。两臂与肩膀不要因为持壶、倒茶、冲水而不自觉地抬太高，甚至身体倾斜。

②在泡茶过程中，泡茶者尽量不要说话，因为口气会影响茶气，影响茶性的挥发。泡茶过程中，泡茶者的手不能碰到茶叶、壶嘴等。壶嘴

不能朝向客人，只能面向本人，以示对客人的尊重。

③倒茶过程中，动作幅度不宜太大，比如手心朝上会给人一种不雅的感觉，因此倒茶时不宜手心朝上。

任务3　茶艺礼节

茶艺活动中的礼节包括鞠躬礼、伸掌礼、奉茶礼、叩指礼和寓意礼五种。

8.3.1　鞠躬礼

鞠躬礼是茶艺活动中常用的礼节，有站式、坐式和跪式三种。根据茶事对象和鞠躬幅度的不同，鞠躬礼还可分为真礼、行礼和草礼三种。

真礼用于主客之间，鞠躬幅度为90°，如图8.1所示。

图8.1　真礼

行礼用于客人之间，鞠躬幅度为60°，如图8.2所示。

草礼用于奉茶或说话前后，鞠躬幅度为30°，如图8.3所示。

图8.2　行礼

图8.3　草礼

(1) 站式鞠躬礼

以站姿为预备，行真礼时，将两手分开贴着大腿前侧慢慢下滑，直到手指尖碰到膝盖。鞠躬要与呼吸相配合，弯腰时吐气，身直时吸气，弯腰到位时（不可只垂头不弯腰或只弯腰不垂头）需要略作停顿，表明对对方的真诚敬意，然后渐渐直起上身，表明对对方源源不断的敬意。行礼的方法与真礼相似，双手滑至大腿中部即可。行草礼时，身体向前稍作倾斜即可。

(2) 坐式鞠躬礼

以坐姿为预备，行真礼时，将两手沿大腿前移至膝盖，腰部顺势前倾，稍作停顿，渐渐将上身直起，恢复坐姿。行礼的方法与真礼相似，但双手移至大腿中部即可。行草礼时，身体略向前倾，将两手搭在大腿根部。

(3) 跪式鞠躬礼

以跪姿为预备，行真礼时，背、颈部保持平直，上半身向前倾，同时双手从膝盖处渐渐滑下，全手掌着地，两手指尖斜相对，身体倾至胸部与膝之间只留一个拳头的位置，身体前倾，稍作停顿后慢慢直起上身。行礼的方法与真礼相似，但双手仅前半掌着地（第二手指关节以上着地）即可。行草礼时，身体略向前倾，两手手指着地即可。

8.3.2 伸掌礼

伸掌礼是茶事活动中用得最多的礼节。在主泡与助泡相互配合时，或者主人向客人敬奉各种物品时，都用此礼，表示“请”或“谢谢”之意。当两人相对时，可伸右手掌示意；当两人侧对时，则右侧方伸右手掌示意，左侧方伸左手掌示意。标准的伸掌姿势为四指并拢，虎口分开，手掌略向内凹，侧斜之掌伸于敬奉的物品旁，同时欠身点头，行注目礼。

8.3.3 奉茶礼

一般奉茶的方法是用右手拇指和食指扶住杯身，放在茶巾上擦拭杯底后，再用左手拇指和中指捏住杯托两侧中部，放上品茗杯，双手递至客人面前，如图8.4所示，左边客人用左手端茶奉上，用右手伸掌做请的姿势，如图8.5所示，表示“请用茶”。如同时有两位或者多为宾客，奉茶的茶水一定要色泽均匀，并且用茶盘端出，左手捧茶盘底部，右手扶着茶盘的边缘，上茶时，要用右手端茶，从宾客的右边奉上。奉茶时，要注意将茶杯正面对着客人。如果茶杯有柄，要将杯柄放置在客人的右手边。

图8.4 双手奉茶

图8.5 “请用茶”（奉茶礼）

奉茶的顺序：先长后幼，先女后男，先客后主，先尊后次尊。

奉茶的禁忌：不要用一只手上茶，尤其不能用左手。切勿让手指碰到杯口。为客人倒的第一杯茶，通常不宜斟得过满，以斟至杯深的三分之二处为宜。把握好续水的时机，以不妨碍宾客交谈为佳，不能等到茶叶见底后再续水。奉茶时需要注意：“茶七酒八”，即主人给客人倒茶斟酒时，茶杯、酒杯满到七八分的程度；若以茶待客，则以倒七分为敬，不宜过满。正所谓酒满敬客，茶满欺客，茶倒七分满，留下三分是人情。

图8.6所示为倒茶礼仪。

图8.6 倒茶礼仪

8.3.4 叩指礼

在茶事活动中，以手代“首”，叩手即叩首，以此向斟茶者表示感谢、尊重。叩指礼有以下三种方法。

(1) 晚辈向长辈

五指并拢成拳，拳心向下，五个手指同时敲击桌面，相当于五体投地的跪拜礼。一般敲三下即可，如图8.7所示。

图8.7 叩指礼——晚辈向长辈

(2) 同辈之间

食指和中指并拢，敲击桌面，相当于双手抱

拳作揖，敲三下表示尊重，如图8.8所示。

图8.8　叩指礼——同辈之间

(3) 长辈向晚辈

食指或中指敲击桌面，相当于点下头即可，如特别欣赏晚辈，可敲三下，如图8.9所示。

图8.9　叩指礼——长辈向晚辈

8.3.5　寓意礼

(1) 斟茶礼仪

“高冲水，低斟茶”是指注水时可以高冲，斟茶时要低斟，避免让茶汤溅出。斟茶时，茶杯多放于客人右手的前方，每位客人的茶汤量一致，以示茶道公正平等，无厚此薄彼之义。斟茶的顺序一般为从左至右，最右方的茶是尾席，给自己，斟茶适量，每一泡茶，都应将最后一杯留给自己。否则就是对客人不敬，或称“蛮主欺客”“待人不恭”。斟茶礼如图8.10所示。

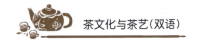

图8.10　斟茶礼

（2）注水礼仪

在进行回转注水、温杯、烫壶等动作时，一般使用右手注水，右手操作时要沿逆时针方向回转，寓意“来、来、来”，表示欢迎；左手操作时要沿顺时针方向回转；反之则表示不欢迎。

（3）注水动作

茶主人一般都以右手持壶或公道杯为宾客倒茶，应从左到右顺时针倒茶，这样壶口或公道杯口是倒退着为宾客分茶的。若从右到左逆时针，壶口向前冲着为宾客倒茶，则壶嘴不断向前如同一把利刃，变成一种含侵略性的动作，会使人坐立不安。如果习惯左手持壶，则可用逆时针手法操作。

（4）斟茶量

杯中茶汤倒入七分满为最佳，寓意“七分茶，三分情”。茶倒七分满，客人喝茶时茶汤不会溅出、不烫手、不烫嘴，有利于客人完美愉快地品饮茶汤的滋味和杯中香气的挥发。主人及时为客人续茶，茶杯不可见底，寓意“茶水不尽，财源滚滚”“慢慢饮，慢慢叙”。

（5）“凤凰三点头”的寓意

“凤凰三点头”是茶艺茶道中的一种传统礼仪，同时也是一种冲泡手法。高提水壶，让水直泻而下，接着利用手腕的力量，上下提拉注水，反复三次，让茶叶在水中翻动。这一冲泡手法，雅称“凤凰三点头”。“凤凰三点头”不仅是为了泡茶本身的需要，也是为了显示冲泡者的姿态优美，更是中国传统礼仪的体现。三点头像是对客人鞠躬行礼，是对客人表示敬意，同时也表达了对茶的敬意。冲泡绿茶时比较讲究提壶高冲底斟反复三次注水，即“凤凰三点头”的手法。

（6）关公巡城”和“韩信点兵”的寓意

“关公巡城”和“韩信点兵”是一种流行于闽南、潮州地区的斟茶技艺。在传统的闽南工夫茶中，泡茶是不使用公道杯的，而且很讲究斟茶的技巧。一般用拇、食、中三指操作，食指轻压壶顶盖珠，中指和拇指紧夹壶后把手。开始斟茶时，将茶汤轮流注入各个品茗杯中，每杯先倒一半，周而复始，逐渐加至八成，使每杯茶味与汤量均匀，如若壶中茶水正好斟完，即恰到好处。在“关公巡城”后，留在茶壶中的最后几滴茶，往往是茶汤最为精华醇厚的部分，所以要均匀茶汤，就需要依次点到各个茶杯中，称为“韩信点兵”。

（7）“内外夹攻”的寓意

“内外夹攻”是对冲泡某些茶的需要而采用的一道程序，诸如对一些采摘原料比较粗老的茶叶，最典型的是特种名茶乌龙茶。为提高泡茶时水温，通过壶内注入热水加温，泡茶后用滚开水淋壶的外壁热。这一茶艺程序称为“内外夹攻”。寓意是淋在壶里，热在心里，给品茶者一种温馨之感。

8.3.6 茶艺礼仪实训活动组织

（1）实训安排

学生通过茶艺服务礼仪的掌握与训练，能够熟悉茶艺礼仪并运用到茶事服务中。

（2）实训地点及器具

①茶艺实训室。

②配套茶具组。

（3）实训时间

2课时。

（4）实训要求

①了解茶艺礼仪。

②熟悉并掌握和运用常见的茶艺仪态礼仪及茶事礼节。

（5）实训方法及步骤

①教师讲解和展示茶艺服务相关礼仪要点。

②小组分组练习。

③学生分小组展示，教师与小组成员根据考核方法记录并组织点评。

（6）实训活动评价考核方法

实训活动评价考核方法见表8.1。

表8.1 茶艺礼节实训活动评价考核方法

序号	项目内容	评价标准	配分 / 分	得分 / 分
1	茶艺服务礼仪（坐姿、站姿、走姿、蹲姿）	仪态端庄大方、动作规范	20	
2	伸掌礼	四指并拢，虎口分开，手掌略向内凹，侧斜之掌伸于敬奉的物品旁，同时欠身点头，行注目礼	10	
3	鞠躬礼	真礼、行礼、草礼展示规范	15	
4	扣指礼	用食指和中指轻叩桌面	15	
5	奉茶礼	双手递至客人面前，左边用左手端茶奉上，用右手伸掌做请的姿势，表示“请用茶”	10	

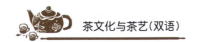

续表

序号	项目内容	评价标准	配分 / 分	得分 / 分
6	“凤凰三点头”	高提水壶，让水直泻而下，接着利用手腕的力量，上下提拉注水，反复三次，让茶叶在水中翻动	10	
7	斟茶方法	斟茶一般使用低斟茶，避免让茶汤溅出，斟茶至七分满	10	
8	注水手法	右手注水，右手操作时要沿逆时针方向回转，左手操作时要沿顺时针方向回转	10	
总分			100	
小组组别及成员姓名：			时间：	
评价教师（人员）：				

课后思与练

1.站式鞠躬行真礼需要弯腰（　　）。

A.15°　　B.30°　　C.90°　　D.45°

2.藏族喝茶有一定的礼节，三杯后当宾客将添满的茶汤一饮而尽时，应当（　　）。

A.继续添茶　　B.不再添茶　　C.可以离开　　D.准备送客

3.当茶艺师跪坐时，身体重心要调整坐落在（　　）上，上身保持挺直，双手自然交叉相握摆放于腹前。

A.双脚脚掌　　B.双脚脚尖　　C.双脚脚踝　　D.双脚脚跟

4.最常见的冲泡是用（　　），寓意向客人三鞠躬表示欢迎。

A.“三龙互鼎”　　B.“凤凰三点头”　　C.“关公巡城”　　D.“悬壶高冲”

5.茶艺服务人员在服务中应该对客人使用（　　）。

A.敬语　　B.俗语　　C.英语　　D.白话

Project Eight

Know the Etiquette of Tea Ceremony

茶艺礼仪实训活动组织
Training Task of the Tea Ceremony Etiquette

（1）实训安排（Training Arrangement）

学生通过茶艺服务礼仪的掌握与训练，能将茶艺礼仪熟悉地运用到茶事服务中。

Through training, students will be familiar with and be able to apply the tea ceremony etiquette to the tea service.

（2）实训地点及器具（Training Places and Utensils）

①茶艺实训室。

Tea ceremony training rooms.

②配套茶具组。

Tea sets.

（3）实训时间（Training Time）

2课时。

2 periods.

（4）实训要求（Training Requirements）

①了解茶艺礼仪。

Know the etiquette of the tea ceremony.

②熟悉并掌握和运用常见的茶艺仪态礼仪及茶事礼节。

Master and apply the common tea ceremony etiquette.

（5）实训方法及步骤（Training Methods and Steps）

①教师讲解和展示茶艺服务相关礼仪要点。

Teachers explain and demonstrate the key points of the etiquette related to the tea ceremony service.

②小组分组练习。

Students practice in groups.

③学生分小组展示，教师与小组成员根据考核方法记录并组织点评。

The students present their work one by one. Teachers and other groups will assess their presentation according to the assessment requirements and make comments.

（6）茶艺礼仪练习的内容（Practice Content of the Tea Ceremony Etiquette）

①站姿（Standing）。

女茶艺人员站立时，要求双脚呈“V”字形，两脚尖开约50°，膝和脚跟靠紧；双手虎口交叉，右手搭在左手上。男茶艺人员站立时，要求双脚分开，宽度窄于双肩；双手交叉，左手搭在右手上，置于小腹上，双手也可交叉放在背后。

Female tea ceremony presenters are required to have their feet in a "V" shape when standing. The toes are about 50 degrees apart. Keep two knees and heels close together. Cross two hands at hukou（also named thenar eminence）with the right hand resting on the left one. When male tea ceremony presenters stand, they are required to have their feet apart and the width of two feet should be narrower than their shoulders. Cross the hands. Place the left hand over the right hand and put it on the lower abdomen. The crossed two hands could also be put behind the back.

②坐姿（Sitting）。

茶艺服务中，在日常行茶或进行茶艺表演时，为确保身体重心居中，坐在凳子或者椅子上时，必须端坐中央，保持中正。

When severing tea in daily life or performing tea ceremony, the presenter should sit upright on the stool or in the center of the chair so as to maintain an upright posture.

③蹲姿（Squatting）。

蹲姿是在取放低处物品、拾起落地物品或合影时位于前排采取的动作。从事茶艺服务时，如果茶桌较矮，可用蹲姿为客人奉茶。要做到优雅的蹲姿，基本要领是屈膝并腿，臂部向下，上身挺直，不要低头。

Squatting is the action taken by a person when they are picking up objects from a lower position, from the ground, or taking a group photo in the front row. If the tea table is relatively low, the presenter can kneel to serve tea to the guests. The basic principle of a graceful kneeling position is to bend the knees, keep the legs together, put arms down, and straight the upper body without lowering the head.

④走姿（Walking）。

茶艺人员在行走时，应做到上身正直平稳，目光平视，面带微笑，双肩放松，双臂自然摆动，手指自然弯曲，步幅约30厘米，跨步足迹呈一条直线。女士走姿的基本要求是轻盈、从容，具有阴柔之美；男士走姿的基本要求是稳健、刚毅，具有阳刚之美。茶艺服务人员在行走时要保持均匀、平稳的速度，不要过于急躁；步幅也不要过大，避免手捧茶具时避让不及，发生磕碰。

When walking, the presenter should keep the upper body upright and the eyes straight with smile, relax shoulders, swing arms naturally, and flex fingers normally. The range of a stride is about 30 cm, and all footprints are in a straight line. The basic requirement of female's walking is to be light, calm, and show the beauty of softness. The basic requirement of male's walking is to be steady, resolute, and display the beauty of masculinity. When walking, maintain a stable and uniform speed. Be patient. Do not take too big steps to avoid collision when holding utensils.

⑤跪姿（Kneeling）。

常见于无我茶会和茶艺表演中。跪姿是与日本及韩国茶人进行国际交流时习惯采用的姿势。

It is commonly seen at Sans Self Tea Gathering (Wu-wo Tea Party) and the tea ceremony performance. It is the customary manner used in international exchanges with Japanese and Korean tea expert.

⑥鞠躬礼（A bow）。

鞠躬礼是茶艺活动中常用的礼节，有站式、坐式和跪式三种。根据茶事对象和鞠躬幅度的不同，鞠躬礼还可分为真礼、行礼和草礼三种。

真礼用于主客之间，鞠躬幅度为90°。

行礼用于客人之间，鞠躬幅度为60°。

草礼用于奉茶或说话前后，鞠躬幅度为30°。

A bow is a common etiquette in tea ceremony activities, which can be divided into three types: standing bow, sitting bow, and kneeling bow. According to different persons and the range of bowing, bowing can also be classified into three types: Zhenli, Xingli, and Caoli.

Zhenli: It is used between the host and the guest/guests, with a bow range of 90° degrees.

Xingli: It is used between guests, with a bow range of 60° degrees.

Caoli: It is used for serving tea, or before and after talking to others, with a bow range of 30° degrees.

⑦伸掌礼（A stretched-palm etiquette）。

在主泡与助泡相互配合时，或者主人向客人敬奉各种物品时，都用此礼，表示“请”或“谢谢”之意。当两人相对时，可伸右手掌示意；当两人侧对时，则右侧方伸右手掌示意，左侧方伸左手掌示意。标准的伸掌姿势为四指并拢，虎口分开，手掌略向内凹，侧斜之掌伸于敬奉的物品旁，同时欠身点头，行注目礼。

When the tea maker and his/her assistants cooperate with each other, or when hosts offer various items to guests, this etiquette is used to express “please” or “thank you”. When two people are facing each other, the right palm could be extended as a gesture. If two people are on the same side, the person on the right could stretch the right palm as a gesture, while the one on the left could extend the left palm.

The standard stretched-palm manner is to bring the four fingers together and separate them from the thumb. The palm is slightly inward concave. Stretch the palm beside the object being served. Meanwhile, bow and nod to the guests, and salute with eyes.

⑧奉茶礼（The etiquette of serving the tea）。

一般奉茶的方法是用右手拇指和食指扶住杯身，放在茶巾上擦拭杯底后，再用左手拇指和中指捏住杯托两侧中部，放上品茗杯，双手递至客人面前。用右手伸掌做请的姿势，表示“请用茶”。

The general method of serving the tea is to hold the body of the tea tasting cup with the thumb and the index finger of the right hand, and place it on a tea towel to wipe and clean the bottom of the cup. After that, pinch the middle of the left side of the cup saucer with the thumb and the middle finger of the left hand. Put the tea tasting cup on the saucer. Then serve the tea to the guest with both hands and place the tea in front of the guest. Make an invitation with the right palm meaning “Please enjoy the tea”.

⑨“凤凰三点头”技法（The phoenix-nods-three-times technique）。

“凤凰三点头”是茶艺茶道中的一种传统礼仪，是对客人表示敬意，也表达了对茶的敬意，同时也是一种冲泡手法。高提水壶，让水直泻而下，接着利用手腕的力量，上下提拉注水，反复三次，让茶叶在水中翻动。这一冲泡手法，雅称“凤凰三点头”。“凤凰三点头”不仅是为了泡茶本身的需要，也是为了显示冲泡者的姿态优美，更是中国传统礼仪的体现。

The phoenix-nods-three-times technique is a traditional etiquette in the tea ceremony, which shows respect to both the guest and the tea. It is also a tea making technique. Lift the kettle high and pour the water straightly down. Then use the power of the wrist to pull the kettle up and down to repeatedly pour water into the teapot three times, making the tea flip in the water. The phoenix-nods-three-times technique is not only to meet the need of making tea, but also to show the graceful manner of the tea ceremony presenter, as well as reflecting traditional Chinese etiquette.

⑩斟茶礼（The etiquette of serving the tea）。

“高冲水，低斟茶”是指注水时可以高冲，斟茶时要低斟，避免让茶汤溅出。斟茶时，茶杯多放于客人右手的前方，每位客人的茶汤量一致，以示茶道公正平等，无厚此薄彼之义。斟茶的顺序一般为从左至右，最右方的茶是尾席，给自己，斟茶适量，每一泡茶，都应将最后一杯留给自己。

“Pouring the water from a higher position while letting the tea flow from a lower point” refers to pouring the water from a height, while for tea, it should flow down from a low place to avoid spilling the tea soup. When pouring tea, the tea cup is often placed in front of the guest’s right hand. Each guest should be served the same amount of the tea soup to show that the tea ceremony is fair and equal, and there is no bias towards one or the other. The order of pouring tea is generally from left to right. The cup of the tea on the far right is the least important one, which is prepared for the tea ceremony presenter himself/herself. Pour the tea in an appropriate amount and always leave the last cup of tea for presenter himself/herself.

⑪扣指礼（The etiquette of tapping fingers）。

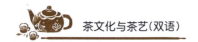

在茶事活动中，以手代“首”，叩手即叩首，以此向斟茶者表示感谢、尊重。叩指

礼有三种方法。

In tea activities, the hand represents the head. Tapping the fingers is equivalent to kowtowing the head, which expresses gratitude and respect to the tea pouring person. There are three ways to tap fingers.

A.晚辈向长辈：将五指并拢成拳。拳心向下，五个手指同时敲击桌面。这相当于五体投地跪拜礼。一般敲三下即可。

A. When the young people face the elders: the young people fold five fingers together into a fist. With the fist facing downwards, tap five fingers simultaneously on the table. It represents kneeling and bowing. Usually tap three times.

B.同辈之间：食指和中指并拢，敲击桌面，相当于双手抱拳作揖，敲三下表示尊重。

B. Between peers: bring the index finger and the middle finger together. Tap the table with the fingertips. It is equivalent to making a bow with two hands. Tap three times to show respect.

C.长辈向晚辈：食指或中指敲击桌面，相当于点下头即可，如特别欣赏晚辈，可敲三下。

C. When the elders face the young people: the elders tap the table with the index fingertip or the middle fingertip. It is the equivalent to a nod. If the elders particularly appreciate the younger generation, he/she can tap three times.

参考  文献

[1] 羽叶. 茶[M]. 合肥：黄山书社，2016.

[2] 屠幼英，乔德京. 茶学入门[M]. 杭州：浙江大学出版社，2014.

[3] 徐志坚，刘玥. 茶心静语[M]. 广州：广东人民出版社，2017.

[4] 郑春英. 茶艺概论[M]. 北京：高等教育出版社，2018.

[5] 王岳飞，徐平. 茶文化与茶健康[M]. 北京：旅游教育出版社，2017.

[6] 王建荣. 茶道：从喝茶到懂茶[M]. 南京：江苏凤凰科学技术出版社，2015.

[7] 王广智. 鉴茶 泡茶 品茶[M]. 北京：龙门书局，2011.

[8] 王莎莎. 茶文化与茶艺[M]. 北京：北京大学出版社，2015.

[9] 徐明. 茶艺与调酒[M]. 3版. 北京：旅游教育出版社，2021.

[10] 谢付亮，张之闯. 推心置茶：大转型时代的22条茶业商规[M]. 福州：福建人民出版社，2017.

[11] 杨亚军. 评茶员培训教材[M]. 北京：金盾出版社，2009.

[12] 曹金洪. 茶道·茶经[M]. 北京：北京燕山出版社，2011.

[13] 陈君君，程善兰. 谈茶说艺[M]. 南京：南京大学出版社，2015.

[14] 慢生活工坊. 闻香识好茶：泡茶有道[M]. 杭州：浙江摄影出版社，2015.

[15] 余悦. 中华茶艺[M]. 北京：中央广播电视大学出版社，2014.

[16] 静清和. 茶席窥美[M]. 北京：九州出版社，2015.

[17] 徐馨雅. 从入门到精通茶艺[M]. 北京：中国华侨出版社，2017.

[18] 张忠良，毛先颉. 中国世界茶文化[M]. 北京：时事出版社，2006.

[19] 张琳洁. 茗鉴清淡：茶叶审评与品鉴[M]. 杭州：浙江大学出版社，2017.

[20] 徐明，于宏. 茶艺与茶文化[M]. 北京：中国经济出版社，2012.

[21] 古武南. 茶21席[M]. 北京：北京时代华文书局，2015.

［22］贾林. 饮食行为科学教育［M］. 广州：广东人民出版社，2017.

［23］李曙韵. 茶味的初相［M］. 北京：北京时代华文书局，2014.

［24］李韬. 茶里光阴：二十四节气茶［M］. 北京：旅游教育出版社，2017.

［25］程启坤，姚国坤，张莉颖. 唯茶是道：茶及茶文化又二十一讲［M］. 上海：上海文化出版社，2013.

［26］于观亭. 观亭说茶：茶饮·茶膳·茶疗［M］. 太原：山西科学技术出版社，2014.

［27］周国富. 世界茶文化大全［M］. 北京：中国农业出版社，2019.

［28］单虹丽，唐茜. 茶艺基础与技法［M］. 北京：中国轻工出版社，2020.

［29］杨学富. 茶艺［M］. 3版. 大连：东北财经大学出版社，2018.